萬卷出版公司

各界推薦

嚴格說來《萬萬沒想到》不像國外（尤其是美國）暢銷經濟、科普、商管類非小說那樣有個明確的觀點，然後尋找許多前人知名作者的書或是期刊論文來當作例證輔佐。它就像是一篇又一篇的專欄，討論一個又一個很容易造成刻板印象或是迷思的話題。

這些專欄裡面，有的很短才幾頁大概兩三千字，有的很長橫跨十幾甚至幾十頁引用各種資料只為了講一個事情（如討論「練習一萬小時成天才」這件事情）。但無論或長或短，萬維鋼的確是一以貫之的試著用科學的方式解讀和反思每一個議題，甚至有些還是先引用了一些美國暢銷書中的例子，然後再打臉說這恐怕有點問題。

簡單來說，我以為這本《萬萬沒想到》真正的目的不是告訴你什麼科普的知識，而是讓你習得一套閱讀、吸收和思考知識的方法——只是他用說故事的方式表達，於是就算你沒想那麼認真，也可以讀得津津有味。

——The News Lens 關鍵評論網共同創辦人　楊士範

以理性思維以及與理工方法解構萬物的不確定性。

——全棧營共同創辦人／Facebook Hackathon首獎得主　鄭伊廷Xdite

科學鼓勵嘗試，但反常識。科學家往往執著，但反直覺。萬維鋼先生這本書集結多篇深入淺出的專欄，直攻自以為是的「智慧」跟經不起挑戰的「觀點」，值得想在思維上有所突破的人閱讀。

——PanSci泛科學總編輯　鄭國威

萬維鋼是我見過閱讀速度、記筆記速度，以及寫作速度最驚人的一個，我長期是他的讀者和粉絲。

——羅輯思維視頻節目主講人　羅振宇

他致力提供傳說中的「科學理性思維」。他的野心是讓「反常識思維」變成「常識思維」。

——果殼網創辦人及CEO　姬十三

軍事冷戰引

由種工科暨重機電世用

軍譯編 —— 者

台灣版自序
科普的三個境界

《萬萬沒想到》是我的平生第一本書，它說的是怎麼用科學方法和科學思維去理解這個複雜的現代世界。這本書目前為止在中國大陸賣出將近二十萬冊，讀者給打了高分，獲得了很多獎項，書中內容經常被人引用。大陸之外，它已經在韓國翻譯出版，現在又出了臺灣版，而且英文版也在準備之中。我收到好多讀者的熱情鼓勵，受寵若驚。

可以說一個科學作者所能夠期待的東西，《萬萬沒想到》都得到了。這並不是因為我有多厲害，而是因為我特別幸運——我趕上了一個科學可以流行的時代。

我就想用這個機會，分享一點我對中文世界科學寫作的看法和心得，順便也向臺灣讀者介紹一下大陸這邊的青年思潮。

大陸傳統上，科學寫作這個工作叫做「科普」——向公眾「普及」科學。「科普」似乎是作者居高臨下的態度——這個知識太高級了你不懂，我給你講講，讓知識落地，讓科學流傳——就好像老師講課甚至牧師佈道一樣。在內容匱乏的時代

這個姿態也許可以，而現在則不行。電影、電視、遊戲、社交網路這些東西早就佔領了大部分人的大部分時間，現在連讀書的人都很少，又有多少人會去讀一本科普書呢？

讓科學流行，到底是為了對科學好呢，還是為了對讀者好？難到讀科普書是一項公益活動嗎？

我認為科學寫作的出發點，必須是為了讀者。科學知識、科學方法和科學思想，是我們這個時代最有用、也是最有趣的內容。讀科普書應該純粹是為了自己，那些不讀科普書的人虧大了。

我甚至認為，「科普」根本就不應該作為一個特殊的內容分類──未來所有值得讓人讀的文章都應該與科學有關。科學寫作，應該成為一種普遍的寫作方式。

以我之見，當前的「科普」，有三個境界。

第一境界是科學知識。有些科學知識可以破除迷信，比如「鬼火其實是磷火」。有些科學知識在日常生活中非常有用，比如某某東西致癌或者不致癌，中式坐月子法到底好不好。還有些科學知識純屬談資，可以顯示一個人博學多才，比如說太陽系到底有九大行星還是八大行星，其中的歷史掌故。這些知識，是晚報和中學生讀物中的流行內容。

不過讓我說的話，這些內容統統不值得專門寫文章。它們最多只適合給文章做個邊角素材，平時應該以什麼百科的形式放在網上，誰想瞭解就用搜尋引擎直達。讀者之所以覺得科普文章沒意思，就是因為這樣的科普文章的確沒意思。

　　第二境界是科學思想。有知識不等於有思想。知識只是一點，思想則是包含這一點的前因後果，是一個故事，還可以是一套方法論。比如說，你告訴我蜜蜂傳遞資訊是靠跳舞，這只是一個知識──我拿它有什麼用呢？但如果你告訴我蜜蜂的群體決策機制──怎麼偵查，怎麼交換資訊，怎麼投票表決，科學家是怎麼知道的，跟人類的決策方式怎麼對比──那這篇文章就很有意思了。讀者從文章中得到的就不僅僅是多少條知識，更是思維的樂趣。

　　而且思想可以借鑒，可以類比，可以舉一反三，可以跟別的思想組合。思想可以讓人成長，可以作為工具和武器。大陸青年中有個流行詞叫「三觀」，說的是世界觀、人生觀和價值觀。科普的最重要作用就是幫人「正三觀」。一個人如果掌握很多科學思想，他就對這個世界有個正確的看法，就能過好這一生，就知道什麼東西值得追求。

　　第三境界是科學本身。現代科學越來越專業化，科學家距離公眾越來越遠，這對雙方都不好。你說一句「某某歐洲頂尖科學家、某某委員會認為基因改造食品無害」，公眾就能相信基因改造食品無害嗎？你說一句「建這個加速器有可能帶來重大物理發現，這事關大國榮譽」，公眾就願意國家給你撥款嗎？

　　有些科學家和科普作家認為公眾就應該老老實實地仰望科學，其實公眾不敵視科學就不錯了。想要取得公眾同情，你必須把科學本身的邏輯解釋清楚，讓人能夠獨立思考，自己做判斷。這個工作非常非常難，但是非常非常值得做。

而另一方面，作為一個現代人，也的確有必要瞭解那些科學家都在幹什麼──他們幹的事兒實在太有意思了。有好奇心的人不可能不關心真實世界的大問題，也許這些問題還沒有答案，但是科學家們在尋求答案過程中的種種心思和算計，實在令人讚歎。

美國主流媒體上的文章，早就到了第二和第三境界。《紐約客》如果有篇文章是講「時間感」的散文，其中必定會引用現代理論物理學。《哈佛商業評論》如果有篇文章講團隊管理，其中必定會提到一項最近發表的學術研究。《大西洋月刊》如果有篇文章講一位新近科學家的故事，其中必定會非常詳細地講解他的理論在學術圈內部的種種爭議。

你甚至可以說，美國其實沒有科普文章──因為所有文章都是科普文章。

這種水準的文章在中文世界太少了，但是讀者很需要這樣的文章。所以我說我感到特別幸運。我做的事就是用適合中國人習慣的方式寫第二和第三境界的文章。

目前在大陸，響應時代需要的科學作者還有不少，比如「羅輯思維」和「果殼網」這些新媒體中，就有好多高手。

而且大陸讀者的眼光也越來越高。現在消費升級，新興中產階級迅速崛起，他們對傳統的雜文、尤其是什麼「唯美散文」、「心靈雞湯」之類不屑一顧，要求文章必須有「乾貨」和「猛料」──你的內容必須對我真有用，得有過硬的研究結果支持，最好還新奇有趣。

　　這就對「科學寫作」這門技藝，提出了極高的要求。我一直都在演練這門手藝。我想用最好的方式，把最好的內容帶給讀者。

　　感謝你閱讀這本書！

　　另外，我正在羅輯思維旗下的「得到」App中寫一個專欄，叫《萬維鋼・精英日課》。我們專欄已經有很多來自臺灣的讀者！歡迎你來找我。

目錄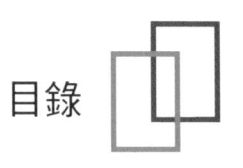

Part 3 | 霍金的答案

Part 1 | 反常識思維

他們有時候把自己的價值判斷稱為「常識」，因為這些判斷本來就是從人的原始思維而來的，然而現代社會產生了另一種思維，卻是「反常識」的。

「反常識」思維

四川雅安蘆山地震時，有人批評媒體的報導過於煽情。記者們有意刻畫了太多哭泣和死者的畫面，他們竟試圖採訪一個還在被廢墟壓著的人，甚至還想直播帳篷裡正在進行的手術。你這是報導災情呢還是拍電視劇呢？

但煽情是文人的膝反應。人們普遍覺得日本NHK的災難報導非常的理性和專業，然而對絕大多數中國觀眾來說，煽情是他們最能聽懂的語言。不煽情就沒有高收視率。也許更重要的是，煽情可以獲得更多的捐款。

在2007年發表的一個研究中[1]，幾個美國研究者以做調查為名招募了若干受試者，並在調查結束的時候發給每個受試者5美元作為報酬。不過研究者的真正目的是搞一個決策實驗。這個實驗的「機關」在於，隨著5美元一同發到受試者手裡的還有一封呼籲給非洲兒童捐款的募捐信。而這封信有兩個版本：

第一個版本列舉了一些翔實的統計數字：馬拉威有三百萬兒童面臨食物短缺；安哥拉三分之二的人口，也就是四百萬人，被迫遠離家園，等等。

　　第二個版本說你的全部捐款會給一個叫諾奇亞（Rokia）的七歲女孩。她生活在馬利，家裡很窮，時常挨餓，你的錢會讓她生活更好一點，也許你的捐款能幫好她獲得更好的教育和衛生條件。

　　研究者問受試者願不願意把一部分報酬捐給非洲。結果收到第一個版本募捐信的人平均捐了1.14美元，而收到第二個版本募捐信的人平均捐了2.38美元。

　　據說是史達林說的「殺死一個人是悲劇，殺死一萬個人是統計數字」。這個捐款實驗證明，統計數字的力量遠遠比不上一個人，一個具體的人。受試者對遠在天邊的國家的抽象數字沒有多大興趣，而他們對一個具體人物——哪怕僅僅聽說了她的名字和最簡單的背景——則更樂於出手相助。

　　在石器時代裡，甚至對大多數中國人來說，一直到進入現代社會之前，我們都生活在一個「具體的」世界中。我們的活動範圍僅限於自己所屬的小部落或者小村莊，很多人一生去過的地方也不會超過一天的路程。我們熟悉每一個有可能與之打交道的人，而這些人的總數加起來也不是很多。這種生活模式對大腦的演化有巨大的影響。據英國人類學家鄧巴估計，我們至今能夠維持緊密人際關係的人數上限，也只有150位而已[2]。當我們需要做決定的時候，我們考慮的是具體的事、具體的人和他們具體的表情。在這些具體例子的訓練下，我們的潛意識早就學會了快速判斷人的真誠程度和事件的緊急程度：我

們不會把錢借給一個嘻皮笑臉且名聲不好的壞人，但我們願意把錢借給一個窘迫不安的眾所周知的好人。進化的本能使我們可以毫不費力地通過觀察人臉和對方的情緒對一個人做出判斷。嬰兒剛出生幾天就能分辨不同的面部表情[3]，六個月就能識別不同的人臉[4]，我們只需要四分之一秒的時間就能以相當高的準確度從兩個政客的照片中找出更有能力的那個[5]。

這種「具體思維」做各種選擇的首要標準，是道德。費孝通在《鄉土中國》一書中提出，世代定居的傳統中國社區的本質是熟人社會。在熟人社會中，人們做事不是靠商業和法治，而是靠道德和禮治。在這個體系中出了案子，首先關乎的是名聲和面子，而不是利益。鄉紳會「先照例認為這是件全村的醜事」：「這簡直是丟我們村子裡臉的事！你們還不認了錯，回家去。」費孝通說鄉土中國的最高理想是「無訟」，就好像足球比賽中每個人都能自覺遵守雙方的規則，而犯規的代價不單是被罰，更是整個球隊和指導員的恥辱。

生活在這樣的社會裡，我們的首要技能不是數學計算能力，而是分辨善惡美醜。也許這就是文人思維的起源：針對每個特定動作的美學評價。有時候他們管這種評價叫「價值觀」，但所謂價值觀無非就是給人和事貼或好或壞的標籤。文人把弘揚真善美和鞭撻假惡醜當成自己義不容辭的責任。

低端文人研究道德，高端文人研究美感。他們的原始本能使他們熱愛大自然，他們讚美花、讚美藍天、讚美山水、讚美健康的動物和異性，這些讚美會演化成藝術。可是只有剛接觸藝術的人才喜歡令人愉快的東西，審美觀成熟到一定程度

以後我們就覺得快樂是一種膚淺的感覺，改為欣賞愁苦了。

　　人類歷史上大多數人很難接觸到什麼藝術，而現代社會卻能讓藝術普及。統計表明，過去幾十年裡流行歌曲的趨勢是感情越來越憂傷和含糊⑥。美學不可能是客觀的，每個人都在鄙視別人的審美觀和被別人鄙視，我們在審美觀的鄙視鏈上不斷移動。文人有時候研究病態美、悲壯美、失敗美等，也許更高境界則追求各種變態美。但本質上，他們研究美。

　　文人對事物的議論是感嘆式的。有時候他們讚美，有時候他們唾棄；有時候他們悲憤，有時候他們呼籲。他們說來說去都是這個XXX怎麼這麼YYY啊！

　　他們有時候把自己的價值判斷稱為「常識」，因為這些判斷本來就是從人的原始思維而來的，然而現代社會產生了另一種思維，卻是「反常識」的。

　　現代社會與古代最大的不同，是人們的生活變得越來越複雜。除了工作和休息，我們還要娛樂、參加社交活動、學習和發展以及隨時對遙遠的公眾事務發表意見。我們的每一個決定都可能以一種不直截了當的方式影響他人，然後再影響自己。面對這種複雜的局面，最基本的一個結果是好東西雖然多，你卻不能都要。

　　你想用下班後的時間讀書，就不能看電影。你不能又讀書又看電影又加班又飯局，還有時間輔導孩子學習。距離工作地點近的房子通常更貴，你不能要求這個房子又大又便宜又方便。長得帥的未必掙錢多，掙錢多的很可能沒那麼多時間陪

你。我們不得不在生活中做出各種取捨，而很多煩惱恰恰來自不願意或者不知道取捨。古人很少有這樣的煩惱，他們能有一個選擇就已經高興得不得了了。

取捨思維，英文裡面有一個形神兼備的詞可作解釋：Tradeoff。兩個好東西我不可能都要，那麼我願意犧牲（off）這個，來換取（trade）那個。Tradeoff 是「理工科思維」的起源。討價還價一番後達成交易，這對文人來說是一個非常無語的情境！既不美也不醜，既不值得歌頌也不值得唾棄。斤斤計較地得到一個既談不上實現了夢想也談不上是悲劇的結果，完全不文藝。所以文人不研究這個。

Tradeoff 要求我們知道每一個事物的利弊。世界上並沒有多少事情是「在沒有使任何人境況變壞的前提下使得至少一個人變得更好」的所謂「柏拉圖改善（Pareto Improvement）」，絕大多數情況下興一利必生一弊，而利弊都不是無限大的。可是文人思維仍然停留在有點好東西就高興得不得了的時代，習慣於無限誇大自己的情感，一邊說金錢如糞土，一邊說朋友值千金，一邊說生命無價，一邊說愛情價更高。做過利弊分析，理工科思維要求妥協，而文人總愛不管不顧，喜歡說不惜一切代價，喜歡看動不動就把全部籌碼都押上去的劇情。理工科思維要求隨時根據新情況調整策略，而柴契爾夫人說她「從不轉彎」──可能是因為選民愛聽這個，不過她的確不愛轉彎。

不懂得取捨，生活仍然可以對付著過下去。但現代社會要

求我們必須在整個社會的尺度上進行Tradeoff。從美學角度看計劃生育制度不但不美簡直還滅絕人性，但是從社會角度看，人口的暴漲的確有可能成為災難。歷史上，很多國家因為人口太多而發生生產和社會退化，18世紀的日本甚至連牛馬都不用了，什麼都必須用人，甚至連打仗都不用槍炮，直接回到原始狀態。我們不能光考慮計劃生育這個動作的美學，我們得計算這個動作的後果。而且這個計算必須隨時修正，比如現在就很有必要考慮是否應該繼續保留這個制度。但文人卻喜歡用一個動作的「美感」來說服別人。萬曆皇帝想收商業稅，東林黨反對，而他們給出的反對理由不是收稅這個動作的輸出後果，而是「天子不與小民爭利！」當然有人認為東林黨其實代表利益集團，是故意拿道德作為藉口，但這種不重知識重姿勢的談話氛圍仍然令現代人震驚。

諾貝爾獎得主丹尼爾・康納曼（Daniel Kahneman）《快思慢想》一書，把人腦的兩套思維繫統稱為「系統一」和「系統二」。前者自動起作用，能迅速對事物給出一個的很難被改變的第一印象；而後者費力而緩慢，需要我們集中注意力進行複雜的計算，甚至我們在系統二工作的時候連瞳孔都放大了。系統二根本不是電腦的對手，沒人能在百萬分之一秒內計算111.61872的平方根。然而系統一卻比電腦強大得多，直到2012年谷歌用了1.6萬塊處理器，才讓電腦學會識別貓的臉[7]——而且它肯定還不會像剛出生的嬰兒那樣分辨表情。系統一這麼快，顯然是它在漫長的進化史中非常有用的緣故。我們可以想見一個不會算數，甚至不會清晰地邏輯推理的人只要知

道誰對他好誰對他壞，靠本能也能在草原上生活得不錯。只有到了現代社會，他才會有大麻煩。文人思維顯然是系統一的集大成者，而理工科思維則是系統二的產物。

Tradeoff 要求量化輸入和預計輸出，這也是理工科思維的最根本方法。但人腦天生不適應抽象數字。倫敦奧運會組織者給運動員準備了15萬個保險套，竟在開幕僅僅五天之內被用完[8]。騰訊請來梁文道、蔣方舟和閻連科三位文人對此事發表了意見[9]。這三位都是高端文人，根本不計較道德，專門談審美，甚至還要做一番技術分析。梁文道說他從來都是公開支持性產業和性工作者的。蔣方舟說擁有優秀基因就會花心。閻連科說中醫認為以毒攻毒，性可能也是一個疏通渠道。三人說的都挺有意思，可他們怎麼就不算算一萬名運動員五天用掉15萬個，這是每天六次的水平！真正合理的解釋是大部分的套子被運動員拿走當紀念品了[10]。據運動員[11]說，奧運村還真沒到性晚會的程度。

文人思維天生喜愛聳人聽聞的消息，如果再加上不愛算數，就會對世界亂擔心和瞎指揮。請問在以下死亡方式中，哪種是最值得擔心的？在海灘游泳被鯊魚攻擊、恐怖襲擊，還是被閃電擊中？直到「9‧11」事件讓恐怖襲擊的戲份突然變大，美國媒體上曾經充斥著鯊魚攻擊的報導。而事實上，美國平均每年死於鯊魚之口的還不到一人——從這個角度說鹿比鯊魚危險得多，死於開車撞上鹿的人數是前者的三百倍！一個美國人在過去五年內死於恐怖襲擊的機率只有兩千萬分之一[12]，

而根據《經濟學人》2013年提供的一個各種死法危險排名[13]，其在一年內死於閃電擊中的機率則是一千萬分之一——閃電比恐怖分子厲害十倍！

這種擔心會左右公共政策。文人可能從「是不是純天然的」這個角度認為有機農業很美而核電很可怕，這不是一個好標準。可是他們總希望自己的聲音大到能夠調動很多人感情乃至於按照他說的「常識」採取行動的地步。他們號稱是「民意」的代表，但他們代表的只是未經過Tradeoff的原始民意。在大多數公共問題上，常識是不好使的。資源調配即使做不到完全依賴市場，也不應該誰聲音大就聽誰的。

聽作文的不如聽論文的。以下這四件事是許多人想要的：（1）用純天然方法種植的有機農業；（2）保護環境；（3）取消人口控制；（4）讓每一個人都吃飽穿暖。可是這四件事不可能同時做到，你必須放棄一個。有機農產品上的農藥殘餘的確更少，但是如果你考慮到有機農業的低產量，其生產一單位食物所消耗的水和地都比化肥農業高很多[14]，綜合起來的結果是有機農業更破壞環境。產量低是個致命缺點。事實上，在沒有化肥的時代，人類養活不了很多人口。在這種情況下，人們再怎麼大聲疾呼有機農業也沒用。

「好吧，」這時候有人說，「我有錢我自己吃有機食物，這總可以吧？」可以。但根據2012年史丹佛大學的研究者發表在《內科醫學年鑑》的一份針對過去幾十年兩百多項研究的總結報告指出[15]，有機食物甚至並不比普通食物更健康。

現在到了用理工科思維取代文人思維的時候了。傳統的文

人腦已經越來越少出現在主流媒體上，一篇正經討論現實問題
的文章總要做點計算才說得過去。

　　本文引用了幾個最新的研究結果，但這其實是一篇一百年
以前就能寫出來的文章。從1915年陳獨秀創辦《青年雜誌》至
今我們喊了近百年賽先生卻仍然沒搞清楚賽先生是幹什麼的。
賽先生遠不止是「鬼火是磷火」之類的少兒科普。他是常常違
反常識，甚至可能變來變去，可是你卻不得不依靠他來做出
決策的硬知識。他更是有時候簡單到Tradeoff的一種並不「自
然」的思維方式。

---

① Deborah A. Smalla, George Loewensteinb, and Paul Slovicc，Sympathy and callousness: The impact of deliberative thought on donations to identifiable and statistical victims，Organizational Behavior and Human Decision Processes，Volume 102, Issue 2, March 2007, Pages 143-153.
② 這個數字被稱為「鄧巴數字（Dunbar's numbers）」。
③ T. Farroni et al. The perception of facial expressions in newborns, Eur J Dev Psychol. Mar 2007; 4（1）：2-13.
④ CNN報導：Baby face: Infants know who you are, May 16, 2002.
⑤ 紐約時報：A Facial Theory of Politics，By LEONARD MLODINOW, April 21, 2012.
⑥ BPS Research Digest：Pop music is getting sadder and more emotionally ambiguous, http：//bps-research-digest.blogspot.com/2012/08/pop-music-is-getting-sadder-and-more.html
⑦ 金融時報中文網：《谷歌神經網路識別貓臉 》，克萊夫・庫克森，2012年07月04日。
⑧ 21CN新聞：《奧運村被曝15萬隻保險套僅5天就用光 出現供不應求》

http：//news.21cn.com/hot/social/2012/08/02/12551077.shtml

⑨ 騰訊專題《杯中話風雲》第八期，http：//2012.qq.com/cnteahouse/bzhfy/sllb/8.htm

⑩ 新浪體育：《曝選手偷保險套回國賣 冰球隊做水球砸人取樂》http：//2012.sina.com.cn/hx/other/2012-08-05/030940757.shtml?bsh_bid=115382954

⑪ CBS NEWS：Olympic village：Business or pleasure? http：//www.cbsnews.com/news/olympic-village-business-or-pleasure/

⑫ 華盛頓郵報：Eight facts about terrorism in the United States，by Brad Plumer，April 16, 2013.

⑬ The Economist 網站 Daily chart， Danger of death! Feb 14th 2013.

⑭ 紐約時報博客：Organic Food vs. Conventional Food By KENNETH CHANG，September 4, 2012.

⑮ Yahoo新聞對這個報告的報導。

別想說服我！

　　霍金的《時間簡史》和《大設計》這兩本書，都有一個被所有人忽視了的第二作者，雷納・曼羅迪諾（Leonard Mlodinow）。這兩本書能夠暢銷，我懷疑霍金本人的貢獻也許僅僅是他的名氣，因為公眾其實並不真的喜歡科學知識——哪怕是霍金的知識。而霍金也深知「每一個數學公式都能讓這本書的銷量減少一半」。如果真有讀者能在這兩本「霍金的書」中獲得閱讀上的樂趣，很可能要在相當的程度上歸功於曼羅迪諾。從他獨立完成的《潛意識正在控制你的行為》（*Subliminal*）這本書來看，曼羅迪諾是個非常會寫書的人。他完全瞭解讀者想看什麼。

　　看完《潛意識正在控制你的行為》，我也知道讀者想看什麼了。在書中曼羅迪諾講了個很有意思的故事。說有一個白人天主教徒來到天堂門口想要進去，他跟守門人列舉了自己的種種善行，但守門人說：「可以，不過你還必須能夠正確拼寫一個單詞才能進。」「哪個單詞？」「上帝。」「GOD.」「你進去吧。」

　　一個猶太人來到天堂門口，他同樣被要求正確拼寫一個單詞才能進。守門人考他的單詞仍然是「上帝」。這個單詞非常

簡單，所以他同樣拼寫正確，於是也進去了。

故事最後，一個黑人來到天堂門口，他面臨著同樣的規則。但是守門人讓他拼寫的單詞是，「捷克斯洛伐克」。

這個故事的寓意是：像我們這樣受過高等教育的人接收訊息都有一個門檻，低於這個門檻的我們根本不看。我的門檻就相當高，誰想向我說明一個科學事實，我一般都要求他出具學術論文。比如作為一個愛國者，我對中醫的存廢和基因改造的好壞這兩個問題非常感興趣，特別關注相關的論文。然而就算是論文也有好有壞，要知道有的論文根本不嚴謹。所以一篇論文質量的好壞，我也有自己的判斷標準，達到我的標準才算得上是嚴謹的好論文。

如果這篇論文是說中醫有效的，我就要求它拼寫「上帝」。如果這篇論文是說基因改造無害的，我就要求它拼寫「捷克斯洛伐克」。

你不用笑我，你也有同樣的毛病。曼羅迪諾說，人做判斷的時候有兩種機制：一種是「科學家機制」，先有證據再下結論；一種是「律師機制」，先有了結論再去找證據。世界上科學家很少，你猜絕大多數人使用什麼機制思考？每個人都愛看能印證自己已有觀念的東西。我們不但不愛看，而且還會直接忽略，那些不符合我們已有觀念的證據。

有人拿芝加哥大學的研究生做了個實驗。研究者根據某個容易引起對立觀點的議題，比如是否應該禁槍，偽造了兩篇學術報告，受試者只能隨機地看到其中一篇。這兩篇報告的研究

方法乃至寫法都完全一樣，只有數據對調，這樣其結果分別對一種觀點有利。受試者們被要求評價其所看到的這篇報告是否在科學上足夠嚴謹。結果，如果受試者看到的報告符合他原本就支持的觀點，那麼他就會對這個報告的研究方法評價很高；如果是他反對的觀點，那麼他就會給這個報告挑毛病。

當初方舟子大戰韓寒，雙方陣營都使用各種技術手段尋找證據，寫了各種「論文」，來證明韓寒的確有代筆或者的確沒有代筆。有誰看到過有人說本陣營的論文不夠嚴謹的嗎？都認為對方的論文才是胡扯。這不是最可怕的。如果我反對一個結論而你支持，那麼當我看一篇支持這個結論的論文就會不自覺地用更高的標準去看，就會認為這個論文不行；而你，因為支持這個觀點，則會認為這個論文很好——如此一來，我不就認為你是弱智了嗎？於是兩個對立陣營都會認為對方是弱智。這一切都可以在潛意識中發生。

認為別人弱智和被別人認為是弱智，其實也沒那麼可怕。真正可怕的是媒體也參與到觀念的戰爭之中。

如果人已經被各種觀念分成了陣營，那麼媒體就不應該追求什麼「客觀中立」，因為沒有人愛看客觀中立的東西！媒體應該怎麼做呢？技術專家詹森（Clay Johnson）在《訊息食譜》（*The Information Diet*）這本書裡，給我們介紹了美國收視率最高的新聞台福斯新聞（Fox News）的成功祕密。尼克森時期，媒體人羅傑・艾爾斯（Roger Ailes）有感於當時媒體只知道報導政府的負面消息，認為必須建立一個「擁護政府的新聞系統」。然而事實證明福斯新聞的成功並不在於其擁護政

府——它只擁護共和黨政府——而在於艾爾斯有最先進的新聞
理念：

1. 有線頻道這麼多，你不可能，也沒必要取悅所有觀
   眾。你只要迎合一個特定觀眾群體就可以了。
2. 要提供有強烈主觀觀點的新聞。

　　給觀眾想要的東西，比給觀眾事實更能賺錢。觀眾想要什
麼呢？娛樂和確認。觀眾需要你的新聞能用娛樂的方式確認他
們已有的觀念。福斯新聞選擇的觀眾群體，是美國的保守派。
每當美國發生槍擊事件，不管有多少媒體呼籲禁槍，福斯新聞
一定強調擁槍權——他們會找一個有槍的採訪對象，說如果我
拿著槍在現場就可以制止慘案的發生。美國對外軍事行動，福
斯新聞一定持強硬的支持態度，如果有誰敢提出質疑，他就會
被說成不愛國。哪怕在其網站上轉發一篇美聯社消息，福斯新
聞都要做一番字詞上的修改來取悅保守派，比如《選民對經濟
的擔心給歐巴馬帶來新麻煩》這個標題被改成了《歐巴馬跟白
人婦女有大問題》。

　　我們可以想像，知識分子一定不喜歡福斯新聞。的確，沒
有哪個大學教授宣稱自己愛看這個台。就連我當初物理系畢業
典禮，系裡請來的演講嘉賓都說：物理學有什麼用呢，至少能
讓你學會判斷福斯新聞說的都是什麼玩意兒。可是如果你認為
福斯新聞這麼做是為了宣傳某種意識形態，你就錯了。他們唯
一的目的是賺錢。

比如修改新聞標題這件事，從技術角度說並不是網站編輯的選擇，而是讀者自己的選擇。很多新聞網站，比如赫芬頓郵報（*The Huffington Post*），使用一個叫做多變數測試（multivariate testing，也叫A/B testing）的技術：在一篇文章剛貼出來的時候，讀者開啟網站首頁看到的是隨機顯示的這篇文章的兩個不同標題之一，網站會在五分鐘內判斷哪個標題獲得的點擊率更高，然後就統一使用這個標題。事實證明在讀者的選擇下最後勝出的標題都是聳人聽聞型的。

福斯新聞的收視率在美國遙遙領先於其他新聞台。因為CNN在北京奧運傳遞火炬期間對中國的歪曲報導，很多人認為CNN是個有政治色彩的媒體，其實CNN得算是相當中立的——這也是它的收視率現在節節敗退的原因。據2012年《經濟學人》的報導①，傾向自由派的MSNBC現在的收視排名第二，CNN只排在第三，而這兩個台的收視率加起來也比不上福斯。賈伯斯於1996年接受《連線》（Wired）採訪②，對這個現象有一個非常好的評價：

當你年輕的時候，你看著電視就會想，這裡面一定有陰謀。電視台想把我們變傻。可是等你長大一點，你發現不是這麼回事兒。電視台的業務就是人們想要什麼它們就給什麼。這個想法更令人沮喪。陰謀論還算樂觀的！至少你還有個壞人可以打，我們還可以革命！而現實是電視台只不過給我們想要的東西。

　　美國人玩的這一套，中國也有人早就玩明白了。今天，我們的媒體和網路上有各種觀點鮮明的文章和報導，它們或者罵得特別犀利或者捧得特別動人，觀眾看得暢快淋漓，十分過癮。但是這些文章提出什麼切實可行的解決方案沒有？說過什麼能夠修正我們現有思想的新訊息沒有？它們只是在迎合和肯定人們已有的觀念而已。因為它們的生產者知道他們不需要取悅所有人。他們只要能讓自己的「粉絲基本盤」高興就已經足夠獲利的了。他們是「肯定販賣者」。政治辯論？其實是一種娛樂。

　　王小波寫過一篇《花剌子模信使問題》，感慨中國人（主要是領導們）聽不得壞消息，一旦學者敢提供壞消息就恨不得把他們像花剌子模的信使一樣殺掉。我想引用賈伯斯的話：王小波說得太樂觀了。真正令人沮喪的現實是所有國家的所有人都有花剌子模君王的毛病，而且他們的做法不是殺掉壞消息，而是只聽「好」消息——那些能印證我們觀念的消息。

　　這個毛病叫做「確認偏誤」（confirmation bias）。如果你已經開始相信一個東西了，那麼你就會主動尋找能夠增強這種相信的訊息，乃至不顧事實。一旦我們有了某種偏見，我們就無法改變主意了。《訊息食譜》說，埃默里大學教授韋斯頓（Drew Westen）發現，對於那些已經強烈支持共和黨或民主黨的學生來說，如果你給他們關於其支持的黨的負面新聞，功能性磁振造影（FMRI）會顯示這些人大腦中負責邏輯推理的區域關閉了，而負責感情的區域卻被激活了！換句話說，

他會變得不講理只講情。因為他們覺得自己受到了威脅。這個受威脅的感情會讓你把相反的事實用來加強自己的錯誤信念。社會學家布倫丹‧尼漢（Brendan Nyhan）甚至發現了一個「逆火效應」：你給一個保守派人士看關於布希的減稅政策並沒有帶來經濟增長的文章之後，他居然反而更相信減稅可以帶來經濟增長。

在確認偏誤的作用下，任何新證據都有可能被忽略，甚至被對立的雙方都用來加強自己的觀念。這就是為什麼每一次槍擊事件之後，禁槍派和擁槍派都變得更加強硬。另一本書，《未來亂語》（Future Babble）講了個更有意思的實驗。實驗者給每個受試學生發一套性格測試題讓他們做，然後說根據每個人的答案給其各自分析出來了一份「性格概況」，讓學生評價這個概況描寫得準不準。結果，學生們紛紛表示這個說的就是自己。而事實是所有人拿到的「性格概況」都是完全一樣的！人們更願意看到說的跟自己一樣的地方，並忽略不一樣的地方[3]。

可能有人以為只有文化程度比較低的人才會陷入確認偏誤，文化程度越高就越能客觀判斷。事實並非如此。在某些問題上，甚至是文化程度越高的人群，思想越容易兩極分化。

一個有意思的議題是全球暖化。過去十幾年來，媒體上充斥著各種關於全球暖化的科學報導和專家評論，這些報導可以大致分成兩派：一派認為人類活動產生的二氧化碳是全球暖化的罪魁禍首，如果不採取激烈手段限制生產，未來的氣候就

會不堪設想；另一派則認為氣候變化是個複雜問題，現有的模型並不可靠，二氧化碳沒那麼可怕。如果你對這個問題不感興趣，你根本就不會被這些爭論所影響。而《訊息食譜》告訴我們，對全球暖化的觀點分歧最大的人群，恰恰是那些對這方面有很多瞭解的人。調查顯示，越是文化程度高的共和黨人，越不相信全球暖化是人為原因造成的；越是文化程度高的民主黨人，則越相信這一點。

如果你想看看這個爭論嚴重到什麼程度，可以去看《經濟學人》一篇報導[④]的讀者評論。這篇文章說，儘管過去幾年，人類排放的二氧化碳繼續增加，可是地球平均溫度卻並沒有升高，且遠低於科學模型的預測。文章下面的評論水平跟新浪網足球新聞的評論不可同日而語，敢在這說話的可能沒有高中生。評論者們擺事實、講道理，列舉各種論文連結和數據，然而其觀點仍然鮮明地分成了兩派。就連這篇文章本身寫得夠不夠合理，都有巨大的爭議。

觀念的兩極分化並不僅限於政治，人們可以因為很多事情進入不同陣營，而且一旦選了邊就會為自己的陣營而戰。你的手機是蘋果的還是安卓的？這兩個陣營的人不但互相鄙視，而且有時候能上升到認為對方是邪惡勢力的程度。人們對品牌的忠誠似乎跟政治意識形態沒什麼區別。我們看蘋果新產品發佈會，再看看美國大選前兩黨的集會，會發現兩者極為相似，全都伴隨著狂熱的粉絲關注和激動的專家的評論。

也許因為手機已經買了或者政治態度已經表過了，人們為了付出的沉沒成本而不得不死命擁護自己的派別，也許是為了

表明自己的身分，也許是為了尋找一種歸屬感。但不管是什麼，這種陣營劃分肯定不是個人科學推理的結果。根據諾貝爾獎得主羅伯特·奧曼（Robert Aumann）1976年的論文Agreeing to Disagree說，如果是兩個理性而真誠的真理追求者爭論問題⑤，爭論的結果必然是這兩人達成一致。那麼現實生活中有多少真理追求者呢？認知科學家梅西埃（Hugo Mercier）和斯珀伯（Dan Sperber）2011年的一篇論文，「Why do humans reason？⑥」，甚至認為人的邏輯推理能力本來就不是用來追求真理的，而是用來說服別人的。也就是說我們天生就都是律師思維，我們的大腦本來就是個爭論設備。這也許是因為進化總是獎勵那些能說服別人的人，而不是那些能發現真理的人吧。

網際網路很可能加劇了觀念陣營的劃分。在網上，你連換台都不用，搜索引擎會自動根據你的喜好為你提供訊息。我相信氣候學家對全球變暖的預測言過其實，我認為絕不可以廢除死刑，我使用蘋果手機，我還要求豆漿必須是甜的、豆腐腦必須是鹹的——在這些原則問題上我從來不跟人開玩笑。如果微博上有人發出違背我理念的言論怎麼辦？我會果斷取消對他的關注。我們完全有權這麼做，難道有人上微博只是為了找氣受嗎？可是如果人人都只接收符合自己觀點的訊息，甚至只跟與自己志同道合的人交流，那麼就會形成一個「迴音箱效應（echo chamber effect）」。人們的觀念將會變得越來越極端。

有鑑於此，詹森號召我們改變對訊息的消費方式。他提出的核心建議是：要主動刻意地消費，吸收有可能修正我們

觀念的新訊息，而不是吸收對我們現有觀念的肯定（Consume deliberately. Take in information over affirmation.）。

這其實是非常高的要求。要做到這些，我們必須避免那些有預設立場的說服式文章，儘可能地接觸第一手資料，為此甚至要有直接閱讀數據的能力。可是有多少人能親自研讀各項經濟指標再判斷房價是否過高呢？對大多數人來說房價是高是低只與一個因素有關：他是不是已經買了房。

我建議把上面那兩句英文刻在iPad上。不過我發現最新的一系列針對社交網路的研究顯示，也許迴音箱效應並不存在。有人對臉書（Facebook）的朋友關係進行研究，發現人們並沒有只與跟自己政見相同的人交朋友。我們在網上辯得不可開交，生活中仍然可以跟對方辯友「隔著一張桌子吃飯」。哪怕在網上，統計表明人們的關注集群也不是按照政治立場劃分，而更多的是按照視野大小劃分的[7]。更進一步，我們也許過高地估計了對方陣營的極端程度。有人通過調查統計美國兩黨的支持者[8]，發現如果一個人對某個政治方向有強烈的偏好，那麼他對對方陣營的政治偏好，往往會有更高的估計。可能絕大多數人根本沒那麼極端，可能網際網路本身就是個極端的人抒發極端思想的地方。對推特（Twitter）的一個研究[9]表明，其上的言論跟傳統的民意測驗相比，在很多問題（儘管不是所有問題）上更加偏向自由派。一般人並沒有像推特上的這幫人那樣擁護歐巴馬或者支持同性婚姻合法化。網際網路不是一個調查民意的好地方。

但無論如何，確認偏誤是個普遍存在的人類特性，而且有

人正在利用這個特性牟利。錯誤的觀點一旦占了大多數，正確的做法就可能不會被執行。既然改變那些已有成見的人的觀念如此困難，也許雙方陣營真正值得做的只有爭取中間派。2013年的《氣候變化》（Nature Climate Change）上發表的一篇論文[10]說，雖然不可能改變那些已經對全球暖化學說有強烈看法的人的觀點，但是可以用親身經歷來影響那些對氣候變化並沒有什麼成見的人，而這些人占美國成年人口的75%。一個策略[11]是可以告訴一個中間派，你愛去鑿冰捕魚的那個地方，現在每年的冰凍期比19世紀少了好幾個星期，來吸引其注意力。

這個真不錯。當然，在我這個堅定的全球變暖學說質疑派看來，那些看見自己家門口的池塘不結冰了就認為全球暖化的人太天真了。

---

① Unbiased and unloved：Life is hard for a non-partisan cable news channel, Sep 20th 2012, http：//www.economist.com/node/21563298

② Steve Jobs：The Next Insanely Great Thing By Gary Wolf. Wired，Issue 4.02 | Feb 1996.

③ 這個實驗大概還可以解釋為什麼「星座與性格」的理論經久不衰。

④ Apocalypse perhaps a little later，Mar 27th 2013.

⑤ 參看本書下一篇文章《真理追求者》。

⑥ Hugo Mercier and Dan Sperber，Why do humans reason? Arguments for an argumen-tative theory, BEHAVIORAL AND BRAIN SCIENCES（2011）34, 57-111.

⑦ New Scientist：Twitter shows chatting doesn't have to be political-by Debora MacKenzie 17 February 2012.

⑧ PsyPost：Republicans and Democrats less divided than commonly thought

By SAGE Publications on January 27, 2012.

⑨ PewResearch Center：Twitter Reaction to Events Often at Odds with Overall Public Opinion By Amy Mitchell and Paul Hitlin, March 4, 2013.

⑩ Teresa A. Myers et al., The relationship between personal experience and belief in the reality of global warming, Nature Climate Change 3, 343-347（2013）.

⑪ http：//arstechnica.com/science/2012/12/strong-opinions-on-climate-change-are-self-reinforcing/

真理追求者

我們這幫人都有個可愛的毛病。我們往往會為一些與自身眼前利益不是特別相關的事情，比如說美式民主制度是否適合中國，超弦（Superstring Theory）是不是一個好的物理理論，阿根廷隊是否能獲得本屆世界盃冠軍這類問題爭論。這種爭論的結果往往是不歡而散，大家各持立場，很少妥協。

每個人都認為自己是對事不對人。每個人都認為自己在爭論過程中是真誠的。是嗎？

諾貝爾獎得主羅伯特・奧曼（Robert Aumann）在1976年發表了一篇論文 Agreeing to Disagree[1]，這篇論文堪稱是傳世之作，它指出，如果是兩個理性而真誠的真理追求者爭論問題，爭論的結果必然是兩人達成一致。換句話說如果爭論不歡而散，那麼其中必然有一方是虛偽的。

這是一個有點令人吃驚的結論。我先把奧曼的原話抄下：

If two people have the same priors, and their posteriors for an event A are common knowledge, then these posteriors are equal.

這段話中有很多專業術語，比如什麼是「priors」，什麼是

「posteriors」，什麼是「common knowledge」，都需要外行學習一番。奧曼在文中非常謙虛地說，我為發表這篇文章感到不好意思（diffidence），因為其中用到的數學實在太不值一提了。我從來沒在任何一篇其他的學術論文中看到有人使用「不好意思」（diffidence）來形容自己的工作，大家都是猛吹我的工作有多麼重要。實際情況是，沒有一定的數學基礎很難看懂此文。

　藉助於一篇後來人寫的綜述②，我大概可以解釋一下奧曼的意思。如果你跟我對於一般足球理論的認識一致，換句話說，如果你認為梅西對阿根廷隊很重要，這就可以說我們的「priors」是一致的。也就是說我們兩個理性的人就好比兩台電腦，如果給我們完全相同的輸入，我們可以計算出相同的結果來。

　下面為簡單起見，假設世界盃決賽是阿根廷對義大利。在決賽前夜，如果我向你宣佈，我認為阿根廷隊將獲得世界盃冠軍。而你向我宣佈，你認為義大利隊將獲得世界盃冠軍。這樣一來我們兩人的觀點就被亮出來了，不但你知道我的觀點，而且我知道你知道我的觀點，而且你知道我知道你知道我的觀點⋯⋯以此類推下去，這就是我們的觀點是「common knowledge」。

　奧曼的數學定理的偉大之處在於，我不必告訴你我為什麼相信阿根廷奪冠，你也不必告訴我你為什麼相信義大利隊奪冠，我們兩人就可以最終就誰奪冠這個問題達成一致！

　我們的爭論過程大約是這樣的：

> 我：我認為明天的決賽阿根廷隊將奪冠。
>
> 你：瞭解。但我認為義大利隊將奪冠。
>
> 我：收到。但我仍然認為阿根廷隊奪冠。
>
> 你：義大利隊。
>
> 我：阿根廷隊。
>
> 你：義大利隊。
>
> 我：好吧，義大利隊。

我們就這樣達成了一致。

這個爭論過程有點像古龍小說的情節，但並不好笑。當我第一次說我認為阿根廷隊奪冠的時候，你應該瞭解，我一定是掌握了某些賽前訊息才敢這樣說，比如我深入研究過雙方的實力對比。而當你聽到我的觀點之後卻反對我的觀點的時候，我就知道，你一定掌握了更強的訊息。也許你有內幕消息知道梅西傷情嚴重上不了場。我不知道具體是什麼訊息，但我可以從你此時的態度判斷這個訊息一定很強。而我如果在這個情況下仍然堅持認為阿根廷隊奪冠，你就得進一步瞭解我所掌握的更強的訊息，比如我知道裁判向著阿根廷。以此類推，直到幾次往返之後我發現你仍然堅持義大利隊，那我只好認為你剛剛從未來穿越回來，於是我決定贊同你的意見。

所以，兩個理性的人只要進行古龍式對話就可以達成一致。據我看《大問題：簡明哲學導論》（*The Big Questions*）這本書介紹，更進一步，經濟學家John Geanakoplos和Herakles Polemarchakis證明這個對話不可能永遠繼續下去──也就是說

最後一定會達成一致。再進一步，電腦科學家阿倫森（Scott Aaronson）證明，如果對話雙方都是誠實的，那麼這種對話可以在不太多的幾步內結束。

有人可能會提出，前面說的一致的「priors」，是一個特別強的條件。畢竟生活中的理性人並非都學習過足球理論。也許兩個人對梅西的重要性有不同的看法。但是這個「不同看法」也是可以通過古龍式爭論達成一致的！所以我們可以說，兩個真誠而理性的人應該對事情有相同的看法。如果爭論不歡而散，一定是有人不誠實！

我做了一點小調研，這個理論有很多推論。比如說一個真正理性的人，如果他認為其他人也是理性的，那麼他不應該買股票。為什麼？如果他買股票，就必然有人賣這支股票——這就意味著兩人對這支股票的升值前景（不一定是確切的預測，可以是一個機率）有不同看法。可是奧曼已經證明理性的人不應該有這種不同看法。

這個定理中所假設的理性的人，被學者稱為「真理追求者」（truthseekers）。如果我們是誠實的真理追求者，我們終將能夠達成一致。

***

最後一點題外話。很多人認為搞科研主要是人與自然的鬥爭，但真正的科研工作也包括人與人的鬥爭——不是說官僚主義或辦公室政治，而是科學家跟科學家因為學術觀點的不同而開打。從某種意義上講，往頂級學術期刊投稿跟打仗差不多。

所謂的同儕審查（Peer review），也就是編輯找幾個跟你在同一領域也是搞科研的人來審查你的文章。一個最可怕的消息是，這幫人有時候跟你一樣，常常以為只有自己才有資格在這個期刊上發文章。如果他們直接說你的結果不夠重要所以不適合發表，那你基本完了。但如果他們說你的文章錯了，則是一個比較好的消息，因為很可能是他們錯了。

你要做的是寫一個答辯狀，證明是審稿人錯了。然後有可能會發生一件也許只有在學術界才能發生的奇蹟：審稿人將承認錯誤，改變想法，允許你的文章發表。

生活中的成年人如果不被「雙規」（編注：指犯錯的人在特定時間、特定地點交代問題），很少承認自己的錯誤。一場爭論之後沒人會說「我以前想錯了，原來是這樣」。但是科學家可以。科學家也會拉幫結派，也會有各種偏見，也會以證明別人錯了為樂，但是所有科學家有一個共同優點：他允許你改變他的想法。這種允許別人改變思想的氛圍可以刺激人在審稿的時候採取更為大膽的態度。

為什麼？因為科學家是真理追求者。實際上，搞科研的一大樂趣就是被別人改變想法！

---

① Aumann, Robert J.（1976）.「Agreeing to Disagree」. The Annals of Statistics 4（6）：1236-1239.
② Tyler Cowen and Robin Hanson, Are Disagreements Honest? http：// hanson.gmu.edu/deceive.pdf

壞比好重要

　　現在搞社會科學越來越流行做實驗，拿數據說話，行為經濟學家更是如此。一般來說，他們都是在校園裡拿大學生當受試者，但2010年的一期《經濟學人》報導[①]的這個實驗有所不同：多倫多大學和芝加哥大學的兩個經濟學家跑到中國的一個生產電子產品的工廠，拿中國工人做了一次實驗。

　　工人們並不知道他們已經成了受試者。在一週開始的時候，某些工人被告知，如果你們能完成本週的生產任務，將獲得80元的獎金。而另一些工人則被告知，本週你們有80元獎金，但是如果不能完成生產任務，就會失去這筆獎金。

　　不都是完成任務多拿80元嗎？但是有區別。在第二組工人看來，80元已經是自己的了，關鍵詞是「失去」。這裡涉及一個重要的心理學定律，叫做「損失厭惡」[②]。人們總喜歡獲得而害怕失去。實驗結果果然不出所料，第二組工人完成任務的情況更好。我不知道這個實驗在學術上有什麼新意[③]，也許工廠獲得的教訓應該是全面提高員工工資，一旦員工沒完成任務就扣錢。

　　我們可以先體會一下這個實驗。完全相同的條件，只不過換了個說法就能讓人更拚命地幹活，這些工人難道像「朝三暮

四」成語典故中的猴子一樣笨嗎？而事實是每個人都有損失厭惡，換一幫大學教授來結果也一樣。更有甚者有很多實驗證明，連猴子都有損失厭惡。

但本文要說的是，這個實驗似乎可以解釋為什麼自由媒體的時事版上全是壞消息。

我們首先要搞清楚的一個問題是人們為什麼這樣害怕損失。損失厭惡到底是個什麼機制？對這個問題，行為經濟學家和心理學家可能就都不行了，得神經科學家出手。

我們看《宅男行不行》（The Big Bang Theory）電視劇，其中倫納德（Leonard）的媽媽就是個神經科學家，她很喜歡給人做腦成像圖。真正的神經學家也是如此。如果是讓神經科學家去做上面那個實驗，那麼每個工人就都會一邊做核磁共振一邊思考這80元獎金。

在《大腦決策手冊》（How We Decide）這本書中，作者喬納‧雷勒（Jonah Lehrer）描寫了一個類似的實驗。實驗人員遞給受試者50美元（在美國做實驗一出手就是50美元，去中國做一個星期才80元人民幣，這可能解釋了為什麼第一個實驗要去中國做），受試者有兩個選擇。

- 第一個選擇是賭一把，賭局的機率是有40%的機會可以把50元都拿走，60%的機會一分錢都拿不到；
- 第二個選擇是不賭，直接拿其中20元走人。

實驗結果是大多數人選擇直接拿20元走人，只有42%的人

選擇冒險。

與中國工人的實驗類似，如果實驗人員把第二個選擇換個等價的說法：改成「直接損失30元」，儘管實際條件完全不變，卻有高達62%的人選擇冒險。典型的損失厭惡。

但這個實驗的關鍵之處是當受試者選擇的時候，實驗人員正在用核磁共振觀察他們的大腦！他們發現，在跟第二組實驗受試者說「損失」這個詞的時候，他們大腦中的一個特定區域，杏仁核（amygdala）興奮了。這個區域一旦興奮就會產生一種負面的感情。

人們怕的不是損失，而是這種負面感情。據2010年的一個研究發現④，如果一個人腦中的杏仁核受到損害，他就不會有損失厭惡！

這些損失厭惡實驗告訴我們，人們對負面感情的重視程度總是超過正面感情。心理學對這個更一般的現象也有個名詞，叫「negativity bias」，我不知道這個術語的標準翻譯是什麼，姑且稱之為負面偏見。損失厭惡可以認為是負面偏見的一種。

恐懼和冒險是人的兩種非常基本的感情。進化心理學⑤認為恐懼來自人的自我保護本能，而冒險來自人的求偶本能。讓人在做損失厭惡實驗之前先幻想一個恐懼情節，他會變得更加厭惡損失。讓人先幻想一個浪漫情節，他會變得不那麼厭惡損失。恐懼使人害怕損失，浪漫使人熱愛冒險。但這兩種情緒的重要性並不一樣，人一出生就有自我保護本能，而求偶本能則是在長大後才有。進化使我們大腦中恐懼的優先順序高於浪漫，也許這就是負面偏見存在的原因。

　　也就是說，壞比好重要。負面偏見可以解釋很多事情。如果向你介紹一位陌生人的時候同時告訴你一條他的優點和一條他的缺點，你更容易用缺點去記住這個人。也許你曾經多次幫一個朋友的忙，他覺得理所當然；一旦你有一次沒有幫他，他可能會非常生氣，以致於多年以後他可能會忘記你幫過的忙，只記得你曾經拒絕幫他。曾經有人做過這樣的調查：假設給殺人犯立功贖罪的機會，讓他們去救人，請問你認為一個殺過一個人的殺人犯要救多少人才能彌補他的罪過呢？調查結果顯示為25個人！

　　另一個更常見的現象是批評和表揚。比如你寫一篇文章，喜歡這篇文章的讀者，可能最多也就點下贊，更可能什麼都不做。而不喜歡這篇文章的讀者則更可能採取行動，要發表一番評論，非得告訴你他的意見。這樣一來讀者的負面偏見很可能會造成博客（編注：即部落格blog）上更容易出現負面的評論。但文章的作者可能也有負面偏見，表揚的評論他會不在意，而批評的評論他可能很在意，如果是這樣的話，結果就不太好看了。

　　對世界上絕大多數工作來說，該做什麼早就有人設計好了，你就算有損失厭惡也用不上。但是有一類工作卻要求我們必須超越本能，這就是做決策。大到領導一個公司，小到買賣股票，只要你的工作要做很多決策，你最好能夠理性行事。

　　本能歸本能，有些人可以超越自己的本能。他們知道自己強烈的負面情緒會帶來偏見，所以他們不輕易縱容這種情緒。他們看到好的冒險機會敢上，遭遇損失卻不放在心上。他們看

到好人好事主動誇,聽說壞消息卻能夠保持淡定。

　　朝三暮四的心理學手段對他們沒用。這樣的聰明人,不會被自己的「杏仁核綁架」(編注:Amygdala Hijack 出自丹尼爾‧高曼的《EQ》,意及當我們火冒三丈時,可能會做出錯誤的判斷)。

---

① Carrots dressed as sticks: An experiment on economic incentives, Jan 14th 2010.

② 在本書後面《過度自信是創業者的通行證》一文中,我們也提到損失厭惡。

③ 《經濟學人》的報導實在太短。這個實驗的參與者之一是John List,他後來跟人合寫了一本書,*The Why Axis*,在此書中有這個實驗的更詳細介紹,還是很有新意的。

④ Benedetto De Martino, Colin F Camerer, and Ralph Adolphs, Amygdala damage eliminates monetary loss aversion, Proceedings of the National Academy of Sciences. 02/2010; 107(8):3788-92.

⑤ 這方面的議論參見*The Rational Animal: How Evolution Made Us Smarter Than We Think*一書,作者是Douglas T. Kenrick和Vladas Griskevicius。

最簡單機率論的五個智慧

我認為人人都應該學點機率知識。在日常生活中，機率論比萬有引力公式和基因的複製機制都重要，它是現代社會的公民必備的知識。現在的世界比過去複雜得多，其中有大量的不確定性。是否理解機率，直接決定了一個人的「開化」程度。當不懂機率的人大驚小怪的時候，懂機率的人可以淡定自若。

大多數人在中學就學習過機率，但掌握機率的計算方法不等於真正理解機率。實際上，機率論中的幾個關鍵思想，是多數數學老師沒有講明白，甚至根本就沒有講的。理解這些思想甚至不需要會做任何計算，但是它們能讓我們看世界的眼光發生根本的改變。

這些思想的邏輯都很簡單，我們可以從最簡單的機率論中得到的五個智慧。

1. 隨機

機率論最基礎的思想是，有些事情是無緣無故地發生的。

這個思想對我們的世界觀具有顛覆性的意義。古人沒有這個思想，認為一切事情的發生都是有原因的，甚至可能都是有目的的。人們曾經認為世界像一個鐘錶一樣精確地運行。但真

實世界不是鐘錶，它充滿不可控的偶然。

更嚴格地說，有些事情的發生，跟它之前發生的任何事情，都可以沒有因果關係。你不管做什麼都不能讓它一定發生，也不能讓它一定不發生。

如果一個人考上了好大學，人們會說這是她努力學習的結果；如果一個人事業成功，人們會說這是他努力工作的結果。可是如果一個人買彩票中了大獎，這又是為了什麼呢？答案就是沒有任何原因，這完全是一個隨機事件。總會有人買彩票中獎，而這一期彩票誰中獎，跟他是不是好人，他在之前各期買過多少彩票，他是否關注中獎號碼的走勢，沒有任何關係。

如果有一個人總買彩票，他中獎的機率總會比別人大點吧？的確。他一生之中中一次獎的機率比那些只是偶然買一次彩票的人大。但是當他跟上千萬個人一起面對一次開獎的時候，他不具有任何優勢。他之前所有的努力，對他在這次開獎中的運氣沒有任何幫助。一個此前從來都沒買過彩票的人，完全有可能，而且有同樣大的可能，在某一次開獎中把最高獎金拿走。

中獎，既不是他自己的努力的結果，也不是「上天」對他有所「垂青」；不中，不等於任何人在跟他作對。這就是「隨機」，你沒有任何辦法左右結果。這很容易理解，對吧？

大多數事情並不是完全的隨機事件，卻都有一定的隨機因素。偶然和必然如果結合在一起，就沒那麼容易理解了。人們

經常錯誤地理解偶然，總想用必然去解釋偶然。

　　體育比賽是最典型的例子。球隊贏了球，人人有功，記者幫著分析取勝之道；球隊輸了球，人人有責，裡裡外外都要進行反思。但比賽其實是充滿偶然的事件，你所能做的只是盡可能爭取勝利。哪怕你準備得再好，總有一些因素是不確定的，也就是我們通常說的運氣。我很少聽到記者把輸球或贏球的原因歸結於運氣，人們被隨機性所迷惑，狂喜狂怒從不淡定，甚至不惜人身攻擊。實際上，現代職業化競技體育中參賽者之間的實力差距往往並沒有天壤之別，決定比賽結果的偶然因素非常大。強隊也能輸給弱隊，是現代體育的重要特徵，也是其魅力所在。如果強隊一定勝利，比賽還有什麼懸念？從這個意義上說，我們看比賽看的就是這個隨機性。這就難怪《黑天鵝效應》的作者塔雷伯（Nassim Nicholas Taleb）在《黑天鵝語錄》（*The Bed of Procrustes*）一書中說：

Sports are commoditized and, alas, prostituted randomness.
體育是商品化，甚至是賣淫化了的隨機性。

　　所以對智者來說偶然因素是不值得較真的，這場輸了下場可以贏回來，只要輸少贏多你還是強隊。

　　理解隨機性，我們就知道有些事情發生就發生了，沒有太大可供解讀的意義。我們不能從這件事獲得什麼教訓，不值得較真，甚至根本就不值得採取行動。比如民航客機非常安全，但再完美的交通工具也不可能百分之一百安全。你會因為極小

的事故機率而不坐飛機嗎？我們只要確定事故機率比其他旅行方式更低就可以了——甚至連這都不需要，我們只要確定這個機率小到我們能夠容忍就可以了。為偶然事件大驚小怪，甚至一朝被蛇咬十年怕草繩，是幼稚的表現。

　　管理者有個常見的思維模式，一旦出了事就必須全體反思，制定相關政策以避免類似事故再次發生，但極小機率事故其實是不值得過度反應的。哪怕是因為員工犯了錯而引起的也沒必要如此。37signals公司的兩位創始人福萊德（Jason Fried）和漢森（David Heinemeier Hansson）在2010年出了一本書《工作大解放》（*Rework*），講公司創業和管理之道。在我看來此書一個亮點就是它強調不要一看有人犯了錯就為此大張旗鼓地制定政策來糾正錯誤。那樣只會把錯誤變成傷疤，而且會讓公司越來越官僚主義。正確的辦法是告訴犯錯的員工這是一個錯誤，然後就完了。

　　偶然的錯誤不值得深究，成績也不值得深究。現代機率論的奠基者之一白努利（Jacob Bernoulli），甚至認為我們根本就不應該基於一個人的成就去讚美他[①]。用成績評估一個人的能力，來決定是否讓他入學、是否給他升職加薪，是現代社會的普遍做法，對此人人都服氣，童叟無欺非常公平。這還有什麼可說的？問題在於，成績可能有很大的偶然因素。失敗者沒必要妄自菲薄，成功者也應該明白自己的成功中是有僥倖的。

2. 誤差

既然絕大多數事情都同時包含偶然因素和必然因素，我們自然就想排除偶然去發現背後的必然。偶然的失敗和成就不值得大驚小怪，我根據必然因素去做判斷，這總可以吧？

可以，但是你必須理解誤差。

歷史上最早的科學家曾經不承認實驗可以有誤差，認為所有的測量都必須是精確的，把任何誤差都歸結於錯誤。後來人們才慢慢意識到偶然因素永遠存在，即使實驗條件再精確也無法完全避免隨機干擾的影響，所以做科學實驗往往要測量多次，用取平均值之類的統計手段去得出結果。

多次測量，是一個排除偶然因素的好辦法。國足輸掉比賽之後經常抱怨偶然因素，有時候是因為裁判不公，有時候是因為主力不在，有時候是因為不適應客場氣候，有時候是因為草皮太軟，有時候是因為草皮太硬。關鍵是，如果你經常輸球，我們還是可以得出你是個弱隊的結論。

國際足聯的世界排名，是根據各國球隊多次比賽的成績採用加權平均的辦法統計出來的，這個排名比一兩次比賽的勝負，甚至世界盃賽的名次更能說明球隊的實力。但即便如此，我們也不能說國際足聯的排名就是各個球隊的「真實實力」。這是因為各隊畢竟只進行了有限次數的比賽，再好的統計手段，也不可能把所有的偶然因素全部排除。

即便是科學實驗也是如此。科學家哪怕是測量一個定義明確的物理參數，也不可能給出最後的「真實答案」——他們總

是在測量結果上加一個誤差範圍。比如最近的一個重大物理發現是用實驗證實了希格斯玻色子的存在，物理學家說希格斯玻色子的質量是125.3±0.4（stat）±0.5（sys）GeV。這句話的意思是說，質量是125.3，但其中有±0.4的統計誤差，還有±0.5的系統誤差。真實的質量當然只有一個，但是這個數是多少，我們不知道——它可以是這個誤差範圍內的任何一個數字。事實上，真實質量甚至可以是誤差範圍外的一個數字！這是因為誤差範圍是一個機率計算的結果，這個範圍的意思是說物理學家相信真實值落在這個範圍以外的可能性非常非常小。

所以「真實值」，非常不易得。而且別忘了科學實驗是非常理想化的事件。大多數事情根本沒機會多次測量。既然如此，我們對測量結果的解讀就又要加一層小心。如果只能測一次，那麼對這一次測量的結果應該怎麼解讀？我們可以根據以往的經驗，或者別處、別人的類似案例，來估計一個大致的誤差範圍。

有了誤差的概念，我們就要學會忽略誤差範圍內的任何波動。

中國只有一個，任何關於中國此時此刻的統計，都只能測一次。2014年1月，國家統計局公佈了2013年全國居民收入基尼係數為0.473，新聞報導說「該數據雖較2012年0.474的水平略有回落，但仍顯示居民收入差距較大。」這個「回落」有多大？0.001。從統計角度來說其實沒什麼意義。可能你的測量誤差就大大超過0.001。

考試成績也是如此，假設一個同學考了兩次才過英語四

級，第一次57分，第二次63分。他說這是略有進步，我說你這不叫進步，叫都在測量誤差範圍之內。

3. 賭徒謬誤

假如你一個人在賭場賭錢，比如玩老虎機。你一上來運氣就不太好，一連輸了很多把。這時候你是否會有一種強烈的感覺，你很快就該贏了呢？

這是一種錯覺。賭博是完全獨立的隨機事件，這意味著下一把的結果跟以前所有的結果沒有任何聯繫，已經發生了的事情不會影響未來。我們考慮一個簡單的例子，假設瓶子裡裝著六個球，上面寫著1到6，作為每一次的中獎號碼。每次抽獎的時候，你要從六個球中隨便拿一個，而這六個球被你拿到的機會是相等的，都是1/6。現在假設前面幾期抽獎中6出現的次數的確比2多，那麼這一次抽獎的時候，你是否就會有更大機會抽到2呢？不會！這些球根本不記得誰曾經被抽到過，2號球不會主動跑過來讓你抽。它們的機率仍然都是1/6。

機率論中的確有一個「大數法則」說如果進行足夠多次的抽獎，那麼各種不同結果出現的頻率就會等於它們的機率——對上面這個例子來說就是如果你抽取足夠多次，你得到「2」的結果數應該跟得到「6」的結果數大致相等。

但人們常常錯誤地理解隨機性和大數法則——以為隨機就意味著均勻。如果過去一段時間內發生的事情不那麼均勻，人們就錯誤地以為未來的事情會盡量往「抹平」的方向走，用更多的「2」去平衡此前多出來的「6」。但大數法則的工作機制

不是跟過去搞平衡，它的真實意思是說如果未來你再進行非常多次的抽獎，你會得到非常多的「2」和非常多的「6」，以致於它們此前的一點點差異會變得微不足道。

我曾經看到有自以為懂機率的人寫到「比如號碼2已經連續出現了3期，而號碼6已經連續出現了5期，則再下一次號碼中2再出現的機率明顯大於6」，這完全錯誤。下一次出現號碼2和6的機率是相等的。這是一個著名的錯誤，被稱作「賭徒謬誤（Gambler's fallacy）」，全世界的賭場裡每天都有人在不停地犯這個錯誤。現在我們再回過頭來看，這其實是一個很簡單的道理。

但是這個錯誤在生活中還可以以不同的方式上演。比如有個笑話說一個人坐飛機的時候總是帶著一顆炸彈，他認為這樣就不會有恐怖分子炸飛機了——因為一架飛機上有兩顆炸彈的可能性應該非常小！再比如戰場上的士兵有個說法，如果戰鬥中有炸彈在你身邊爆炸，你應該快速跳進那個彈坑——因為兩顆炸彈不太可能正好打到同一個地方[2]。這都是不理解獨立隨機事件導致的。

4. 在沒有規律的地方發現規律

理解了隨機性和獨立隨機事件，我們可以得到一個結論：獨立隨機事件的發生是沒有規律和不可預測的。這是一個非常重要的智慧。

「彩票分析學」是深受彩民喜愛的一門顯學。這門學問完全合法地出現在各種晚報、新浪網、搜狐網甚至是人民網上，

認為彩票的中獎號碼跟股票一樣，存在「走勢」。它使用「雙色歷史號碼」、「餘數走勢」、「五行碼」等五花八門的數字曲線，使用「奇偶分析」、「跨度分析」、「大中小分析」，幫助彩民預測下一期中獎號碼。彩票專家們信誓旦旦地聲稱他們能在一定程度上預測中獎號碼，最起碼也能評估最可能出現的號碼範圍。

這些分析學跟賭徒謬誤不同。賭徒謬誤是認為前面多次出現的號碼不會繼續出現，而彩票分析學則認為中獎號碼存在「走勢」，分析師相信這裡面有規律——所以近期多次出現的組合可能會繼續出現，或者按照這個趨勢可以預測下一個號碼。

但是我們知道中獎號碼是純粹的隨機現象，根本沒有規律。沒錯，有時候賭場裡的某個賭具可能存在缺陷，使得一個號碼中獎的可能性略高於其他號碼，如果你能發現並利用這個缺陷的確可以因此獲利。但要想發現這個缺陷必須統計成百上千次開獎，要想利用這個缺陷也必須玩上成百上千把。而且這個缺陷是簡單的：無非是某個特定號碼出現的可能性略大一點，完全談不上什麼複雜規律。

明明沒規律，這些彩票分析師到底是怎麼看出規律來的呢？也許他們並不是故意騙人，而很可能是真的相信自己找到了彩票的規律。

我上小學的時候，有一次數學課上講到「質數」這個概念。老師列舉質數，班上一個同學突然非常興奮地舉手說：

「我發現了一個規律！」老師就問他發現什麼規律，他說：「你看質數3、5、7、13、17、19……它們的結尾都是這幾個數字！」他發現的這個「規律」其實是除了2以外的質數都是奇數。這的確是一個「性質」，並不是真正的「規律」，因為你無法用它去預測下一個質數，比如9和15都是奇數，符合這個「規律」，卻都不是質數。

發現規律是人的本能——春天過後是夏天，烏雲壓頂常下雨，大自然中很多事情的確是有規律的。有一種邏輯題，給你幾個數字或者圖形，讓你發現它們排列的規律並指出下一個出現的數字或圖形是什麼。比如這道題：1，2，1，2，＿＿，任何人都一眼就能看出來下一個數字是1。我兒子在連10以內加減法都算不順溜的時候就已經非常善於做這種題了，根本不用教，一看就會。

我們的本能工作得如此之好，以致於我們在明明沒有規律的地方也能找出規律來。人腦很擅長理解規律，但是很不擅長理解隨機性。發現規律任何時候都可以幫助我們更好地生存下去，而理解隨機性卻是只在現代社會才有意義的一個技能。

在沒有規律的地方硬找規律是個相當容易的事情，只要你願意忽略所有不符合你這個規律的數據。9和15不是質數？那叫意外！你完全可以說你的理論是科學但更是藝術，只有神祕的經驗才能告訴你忽略了哪些數據——別人用這個規律預測不準那是因為他們功夫不到家——再者，畢竟連天氣預報都不敢保證一定準確，不是嗎？

如果數據足夠多，我們可以找到任何我們想要的規律。比

如說聖經密碼。有人拿聖經做字元串遊戲，在特定的位置中尋找能對應世界大事的字母組合，並聲稱這是聖經對後世的預言。問題是，這些「預言」可以完美地解釋已經發生的事情，等到預測尚未發生的事情的時候就沒有那麼好的成績了。關鍵在於聖經裡有很多很多字元，你如果仔細找，尤其是藉助電腦的情況下，總能找到任何想要的東西。在這個精神下我建議搞一個「毛澤東密碼」，在標準版《毛澤東選集》中尋找中文字詞的排列組合，也許會「發現」其早就預測了中國後世發生的所有大事。

彩票無規律，聖經密碼是無稽之談，那麼我再問一個問題：地震發生的年份有規律嗎？

地震不是彩票，並不是完全的隨機事件。有些地區地震會比較頻繁，我們大概可以知道平均每隔若干年就會發生一次。但是這樣的「規律」是非常模糊的，就算是地震高發區也有可能連續好幾年都不地震，不常地震的地區也可能一年內發生好幾次地震。地震不會精確地按照一個特定的數字順序發生。

可是，有一門學問卻認為地震和各種自然災害會嚴格按照某種數學規律發生，甚至用研究數學──確切地說是做數字遊戲──的辦法去預測地震。這個方法叫做「可公度性理論」，它的創始人是中國科學院院士翁文波。翁院士早年在石油勘探方面做出過傑出貢獻[3]，而根據互動百科[4]，他曾經多次預測了國內外的地震。

我對「可公度性理論」持非常懷疑的態度。這個理論跟地

震沒有任何關係，它只是簡單地把一些年份數字進行加減組合。有記者拿著翁文波所著的《預測學》一書給中科院物理所院士何祚庥和研究員李淼看，二人均完全持否定的態度⑤。

李淼說：「感覺就是把東西堆砌在一起，相互之間沒有關聯，邏輯之間也沒有連續性。」何祚庥說：「說白了就是沒什麼道理的。」方舟子和新語絲網站則更直接地指出翁文波理論是偽科學。

事實上，就算我們相信冥冥之中有一種神祕的機制在左右地震，這個機制可以純粹由數學決定而與地質學無關，「可公度性理論」也是站不住腳的。這個理論根本就沒有一個自洽的操作規則，對一次具體的預測到底應該採用什麼數字組合，非常隨意。假設讓兩個最好的學生同時使用這個理論去預測，他們將有極大的可能性得出完全不同的結果——就如同你從聖經的字母排列組合裡可以找到任何想要的東西一樣。

2008年汶川大地震，有人翻出一篇2006年發表在正規學術期刊《災害學》上的一篇論文《基於可公度方法的川滇地區地震趨勢研究》（作者龍小霞），聲稱此文正確地預測了汶川地震。我非常仔細地研讀了這篇論文，我發現全文根本就不合邏輯。哪怕我非常相信可公度性理論，我也會被此文的演算法給氣笑了。作者以非常主觀的標準選取了25個年份數字作為輸入，但是在使用可公度方法預測的時候卻十分隨意地只選取其中若干個使用。用哪個，忽略哪個，完全沒有客觀標準。使用同樣的辦法完全可以預測很多其他年份也會發生地震。我寫了一篇非常正經的博客《研究一篇成功預測了汶川地震的詭異論

文》[6]，結論是此文純粹是湊數。這篇文章得到了很多轉載。有意思的是，2012年有個署名為「龍小霞」的讀者在博客原文評論中留言說「樓主大哥，我只是想畢業拿學位，大家別再為難我了，我寫的論文自己都不敢多看兩遍的！」也不知道是不是那個龍小霞。

未來是不可被精確預測的——這個世界並不像鐘錶那樣運行。

5. 小數定律

現在，我們知道，在數據足夠多的情況下，人們可以找到任何自己想要的規律，只要你不在乎這些規律的嚴格性和自洽性。那麼，在數據足夠少的情況下又會如何呢？

如果數據足夠少，有些「規律」會自己跳出來，你甚至不相信都不行。

人們抱著遊戲或者認真的態度總結了關於世界盃足球賽的各種「定律」[7]，比如一個著名的定律是「巴西隊的禮物」——只要巴西奪冠，下一屆的冠軍就將是主辦大賽的東道主，除非巴西隊自己將禮物收回，這一定律在2006年被破解；另一個著名定律「1982軸心定律」——世界盃奪冠球隊以1982年世界盃為中心呈對稱分佈，這個定律也在2006年被破解。還有一些定律是沒有被破解的，比如「凡是獲得了洲際國家盃或者美洲盃，就別想在下一屆世界盃奪冠」。中國的職業聯賽也有自己的定律，比如「王治郅定律」——只要王治郅參加季後賽，八一隊就必然獲得總冠軍（已破解），以及「0：2落後無

人翻盤定律」（尚未破解）。

如果你仔細研究這些定律，你會發現不容易破解的定律其實都有一定的道理，王治郅和八一隊都很強，0：2落後的確很難翻盤，而獲得世界盃冠軍是個非常不容易的事情，更別說同時獲得洲際國家盃、美洲盃和世界盃。但不容易發生不等於不會發生，它們終究將被破解。那些看似沒有道理的神奇定律（正因為沒道理才更顯神奇），則大多已經被破解了。之所以「神奇」，是因為其純屬巧合。世界盃總共才進行了八十多年，二十多屆。只要數據足夠少，我們總能發現一些沒有被破解的「規律」。

如果數據少，隨機現象可以看上去「很不隨機」，甚至非常整齊，感覺就好像真有規律一樣。

如果你曾經被河南人騙過，如果你恰好聽說自己的一個朋友也被河南人騙過，如果你進一步發現網上也有個人被河南人騙過，你是否會得出結論河南騙子多呢？如果去年有個清華大學畢業的碩士生被查出來抄襲，今年又有個清華大學教授被查出來抄襲，你是否會得出結論說清華大學縱容抄襲呢？

即使考慮到河南是個人口大省，而清華這樣的名校的媒體曝光率比較高，這兩個地方的壞消息似乎也比相同量級的省份或相同知名度的大學高了一點。所以，結論難道不是明擺著的嗎？如果騙子是在中國各個人口大省隨機分佈的，如果抄襲者是在中國各個名牌大學隨機分佈的，那為什麼恰恰是河南和清華大學「脫穎而出」？

在下結論之前，我們先考察1940年的倫敦大轟炸[8]。當時倫敦在德軍V2飛彈的攻擊下損失慘重，報紙公佈標記了所有受到轟炸地點的倫敦地圖之後，人們發現轟炸點的分佈很不均勻。有些地區反覆受到轟炸，而有些地區卻毫髮無損。

難道德軍在轟炸倫敦的時候故意放過了某些地區嗎？

對英國軍方來說這是一個非常恐怖的事情，因為這意味著V2飛彈的精度比預想的要高得多，以致於德軍可以精確地選擇轟炸目標。而倫敦居民則相信，那些沒有遭到轟炸的地區是德國間諜居住的地方。有些人甚至開始搬家。

然而事後證明V2是一個精度相當差的實驗性質的武器，與其說是飛彈還不如說是大砲──德軍只能大概地把它打向倫敦，而根本無法精確地控制落點。也就是說，倫敦各地區受到的轟炸完全是隨機的。一直到1946年，有人從數學角度分析了轟炸數據，把整個可能受到轟炸的地區分為576個小塊，發現其中229塊沒有受到任何轟炸，而有8個小塊受到了4次以上的轟炸。這些數據雖然不均勻，但完全符合隨機分佈。實際上，科學家可以用電腦模擬的辦法得到更多「看上去很不隨機」的隨機結果。

問題的關鍵是隨機分佈不等於均勻分佈。人們往往認為，如果是隨機的，那就應該是均勻的，殊不知這一點僅在樣本總數非常大的時候才有效。當初 iPod 最早推出「隨機播放」功能的時候，用戶發現有些歌曲會被重複播放，他們據此認為播放根本不隨機。蘋果公司只好放棄真正的隨機演算法，用賈伯斯本人的話說，就是改進以後的演算法使播放「更不隨機以致

於讓人感覺更隨機」。一旦出現不均勻，人們就會認為其中必有緣故，而事實卻是這可能只是偶然事件。

如果統計數字很少，就很容易出現特別不均勻的情況。這個現象被諾貝爾經濟學獎得主康納曼戲稱為「小數定律」。

康納曼說如果我們不理解小數定律，我們就不能真正理解大數定律。

大數法則是我們從統計數字中推測真相的理論基礎。大數法則⑨說如果統計樣本足夠大，那麼事物出現的頻率就能無限接近它的理論機率——也就是它的「本性」。所以，如果抽樣調查發現一個地區某種疾病的發病率較高，我們就可以大致認為這個地區的這種疾病發病率真的很高。

而小數定律說如果樣本不夠大，那麼它就會表現為各種極端情況，而這些情況可能跟本性一點關係沒有。

哪怕一個硬幣再完美，你也可能會連投四次都是正面朝上，這個結果看似有點怪，但跟連投十次都正面朝上不可同日而語。一個人口很少的小鎮發現對某種疾病有較高的發病率，跟一個大城市有同樣大小的發病率，不應該引起同樣的重視。一個只有二十人的鄉村中學某年突然有兩人考上清華大學，跟一個有兩千人的中學每年都有兩百人考上清華大學，完全沒有可比性。

如果你的統計樣本不夠大，你什麼也說明不了。

正因為此，我們才不能只憑自己的經驗，哪怕是加上家人和朋友的經驗去對事物做出判斷。我們的經驗非常有限。別看個例，看大規模統計。有的專欄作家聽說兩三個負面新聞就敢

寫文章把社會批得一文不值，這樣的人非常無知。

　　所以，理解隨機現象最大的一個好處就是你不會再輕易地大驚小怪了。

---

① 這是大概的意思，白努利的原話是「One should not appraise human action on the basis of its results.」來自醉漢走路——機率如何左右你我的命運與機會（*The Drunkard's Walk: How Randomness Rules Our Lives*）一書。

② 這個例子是清華大學趙南元教授在我博客評論中給的，在此致謝。

③ 非常令人慶幸，他不是因為地震預測的學問當選的院士。

④ http：//www.baike.com/wiki/翁文波

⑤ 《科學新聞》文章《翁文波和他的「天災預測委員會」》，作者邱利會。http：//news.sciencenet.cn/htmlnews/2009/5/219165.html?id=219165

⑥ http：//www.geekonomics10000.com/189

⑦ 互動百科有完整版，http：//www.baike.com/wiki/世界盃定律。

⑧ 這件事在曼羅迪諾的《醉漢走路》（*The Drunkard's Walk*）和康納曼的《快思慢想》中都有論述。

⑨ 大數法則的嚴格數學含義比這裡說的要複雜一點，需要400個字才能解釋清楚，我就從略了。

一顆陰謀論的心

你相信「巧合」嗎？

當然相信。世界非常大而且非常複雜，每天要發生很多很多事，絕大多數事情之間並沒有什麼因果關係。可是正如人很善於在本來沒有規律的地方尋找規律，我們也非常擅長在本來沒有聯繫的事情中發現聯繫，並且用一個簡單理論對這些事情進行解讀。

我的理論沒有什麼進一步的證據，而且我也不需要什麼進一步的證據，但是我的理論可以解釋這些看似「自然」其實「不自然」的事件，我發現其背後有一個不可告人的目的。這種解讀，就是陰謀論。

美國的陰謀

比如，2014年3月馬航MH370航班事故發生之初，整個事件還在被定性為「失聯」期間，網際網路上就充斥著各種陰謀論。其中有一個理論[1]說，馬航失聯其實是中美「兩個大佬」較量的結果，而且中方目前穩操勝券。這篇奇文把近期的國際形勢——包括烏克蘭局勢、日本右翼政府的態度軟化、朝鮮半島的微妙變化、西方陣營出現的裂痕和泰國局勢未能朝預期方

向發展——和中國形勢——改革進展、兩會前金融波動、昆明火車站恐怖襲擊和河南隧道爆炸事故，通通聯繫在一起，認為只有全盤考慮這些因素，還要結合「三年前發生在菲律賓馬尼拉的人質事件與歐巴馬即將在四月展開的訪問活動」，才能理解一架客機為什麼會失聯。

如果你覺得這個邏輯太不可思議，那是因為你不經常上網看時事或軍事論壇。有人[②]專門寫這種文章。他們旁徵博引，無所不知，從國際政治講到國內形勢，最後歸於兩點：第一，所有壞事，都是國際敵對勢力故意針對中國搞出來的；第二，所有好事，都是中國政府巧妙安排的。總而言之，中國正在跟美國下一盤很大的棋。

當然，也有人認為中美兩國政府都不是世界上最強的力量，真正的大boss是羅斯柴爾德家族。我曾經興沖沖地買過一本《貨幣戰爭》，而且真的被書中的陰謀故事所吸引，一直看到羅斯福才把書扔了。

中國流行國際大棋論，美國則流行專門針對美國政府的陰謀論。芝加哥大學的研究人員針對以下6個最流行的醫學陰謀論對1,300位美國人進行了調查[③]：

1. FDA為了醫藥公司利益而禁止自然療法；
2. 政府明知手機致癌而不作為；
3. CIA（中央情報局）故意讓美國黑人感染愛滋病毒；
4. 基因改造食品是削減人口的祕密手段；
5. 醫生和政府知道疫苗會導致自閉症；

6. 公共飲用水加氟是化學公司排污的手段。

　　結果發現，49%的美國人至少相信其中一個，18%的美國人相信三個。這是一個人們普遍相信陰謀論的時代。

　　相信陰謀論很可能是人的一個思維本能。人們總是希望能給複雜而混亂的世界找個簡單的解釋，這個解釋就是有某個強大的力量，懷著一個不可告人的目的，在控制一切。據肯特（Kent）大學的幾位心理學家研究[④]發現，相信一種陰謀論的人，往往也會相信其他陰謀論，甚至是互相矛盾的陰謀論。越相信黛安娜其實並沒有死（假死）的人，越容易相信黛安娜其實是被謀殺的——反正政府有些事沒告訴我們！

　　所有這些陰謀論都有一個共同的思維模式。這個思維模式就是不承認巧合，不承認有些事情是自然發生的，認為一切的背後都有聯繫、有目的。

　　這種思維有道理嗎？我們必須承認這個世界上的確有陰謀，不可能所有政府在任何時候都是無辜的，但是陰謀是有限度的。根據「商業內幕」（Business Insider）一篇文章考證[⑤]，以下這9個美國政府的陰謀，是真實發生了的：

1. 禁酒令期間，美國政府曾經故意往工業酒精中加入某些化學品使其不能被轉化成可用於兌酒的普通酒精，這些化學品是致命的，而且造成超過一千人死亡；
2. 公共衛生機構打著治病的旗號徵召了感染梅毒的黑人來做研究，卻從未真正給人治療；

3. 超過一億美國人使用的小兒麻痺症疫苗被一種病毒感染，有研究認為這個病毒會導致癌症，但政府並沒有採取有效行動；

4. 導致越戰全面升級的「北部灣事件」中的某些衝突其實並未發生，是美國故意誇大以作為戰爭藉口；

5. 軍方曾經計劃在國內搞恐怖襲擊嫁禍古巴──未能實行，但的確計劃了；

6. 政府曾經在受試者不知情的情況下拿美國和加拿大公民做毒品人體實驗；

7. CIA曾祕密在太平洋上打撈一艘蘇聯潛艇，其上有三顆帶有核彈頭的飛彈；

8. 美國政府曾經違反禁運協議向伊朗出售武器，並把錢用於資助尼加拉瓜武裝；

9. 波斯灣戰爭前夕，一個15歲的科威特女孩在美國國會作證，說她目睹了伊拉克士兵把嬰兒摔死在地上。事後證明這個女孩是科威特駐美大使的女兒，整個作證是公關公司導演的。

跟前面那6個最流行的（僅限於醫學相關的）陰謀論相比，這9個真正的陰謀壞到了什麼程度？光難度就至少低了一個數量級。

正如林肯說：「你可以在所有的時間裡欺騙一部分人，也可以在一段時間內欺騙所有的人，但你不可能在所有的時間欺騙所有的人。」想要完成一個陰謀非常困難，而且就算做成了

也有很大的曝光風險。一個整天在軍事論壇看陰謀論的人，如果看了這些真實發生了的陰謀，可能會覺得美國政府原來沒有想像的那麼壞。

事實上，維基解密網站曝光了一批美國政府的外交密件之後，《金融時報》專欄作家吉迪恩·拉赫曼發表評論文章⑥認為這反而提高了美國政府的形象，他說：

> 無論是歐洲和拉美的左翼人士，還是中國和俄羅斯的民族主義右翼人士，長期以來都一直近乎肯定的認為，美國人關於其外交政策的一切公開說辭，只不過是在為某種祕密議程打掩護。該議程可因興趣而變，或者為了照顧大公司〔哈里伯頓(Halliburton)！〕的利益，或者為了顛覆某個左翼政府，或者為了削弱對手國家。無論美國的祕密議程是什麼，它肯定是存在的──只有那些天真到愚蠢的人才不這麼認為。
> ……
> 然而，經過長達兩週的曝料，維基解密非常充分地揭示出，美國在任何特定問題上所持的公開立場，通常與非公開立場並無兩樣。目前仍有許多電報尚未曝光，或許其中還潛藏著一些驚人的事件。但是，過去兩週曝光的文件罕有證據證明，美國外交政策中存在耍兩面派或背信棄義之處。世界各地的陰謀論者對此一定非常失望。

類似的情況也出現在股市中。我們看討論各個股票的論壇，股民們非常喜歡把股價的任何波動歸結於莊家的操縱。但

實際上，給一支股票「坐莊」是非常困難的事情，而且僅限於市值和交易量小的冷門股。像蘋果這樣的高市值公司，無數雙眼睛盯著它的股價，你想來個震倉、吸籌、拉高出貨可能嗎？要知道世界上並非只有一家投資公司對蘋果股票感興趣，就算你的錢多到可以震倉和拉高蘋果的地步，你又怎麼能保證你震倉的時候別人不跟你搶籌，你拉高的時候別人不趁機出貨？這個道理很簡單，但人們就是忍不住要懷疑莊家。有人做實驗，拿著一個隨機生成的股價波動圖給股評家看，股評家也能從中看出莊家的操作來。

合理性與可能性

想要對任何事情的真偽都給以正確的判斷是不可能的，我們只能在有限的條件下合理地評估每件事的可能性。陰謀論之所以不足信，並不是因為我們不應該質疑政府——每個人都有權質疑政府——而是因為其成立的可能性很低。

諾貝爾經濟學獎得者丹尼爾·康納曼在《快思慢想》這本書中總結了人的種種認知偏誤，其中有一個偏誤，在我看來非常適合說明陰謀論思維的錯誤。康納曼說，假設有一個叫琳達（Linda）的單身女性，31歲，直率而聰明。作為哲學系學生的她曾經非常關注歧視和社會公正，並且參加過反核遊行。根據這些情況，請你評估以下對琳達的種種描述之中，各自的可能性大小，並給個排名：

- 琳達是個小學老師；

- ……
- 琳達是個銀行出納員；
- 琳達是個賣保險的；
- 琳達是個熱衷於女權運動的銀行出納員。

結果，幾乎所有受試者都認為「琳達是個熱衷於女權運動的銀行出納員」的可能性，比「琳達是個銀行出納員」更高。但這是不對的！A和B同時成立的可能性小於等於A成立的可能性，這是機率論的常識啊！

如果你答錯了，不要自責，因為這個問題就連史丹佛大學決策科學專業的博士研究生都有85%的人答錯。康納曼最後乾脆把其他選項都拿掉，就問受試者「琳達是個銀行出納員」和「琳達是個熱衷於女權運動的銀行出納員」哪個可能性更大，仍然有85%到90%的本科生答錯。這個錯誤的原因在於人們搞不清「合理性（plausibility）」和「可能性（probability）」的區別。「熱衷於女權運動」增加了對琳達描述的合理性，但是卻降低了可能性。另一個類似的例子是這樣的：

（1）明年北美會發生一場淹死一千人的大洪水；
（2）明年加州地震，導致一場淹死一千人的大洪水。

（2）比（1）更合理，但是顯然，它的可能性更低。增加細節也許可以增加合理性，但是一定會減少可能性。

現在我們可以回頭談陰謀論了。以下兩個論斷中，哪個可

能性更高？

　　a. 昆明恐怖襲擊過後不久，又發生了馬航失聯事件；
　　b. 大國博弈，導致昆明恐怖襲擊過後不久，又發生了馬航
　　　 失聯事件。

　　加上一個「大國博弈」的解釋，表面上使得離奇的事件獲
得了合理性，但實際效果卻是讓離奇事件變得更加離奇。

目的與科學

　　世界非常複雜，很多事情似乎簡直不可理解。為什麼明明
準備得很好的比賽也會輸？為什麼一個好人偏偏死於車禍？陰
謀論可以讓我們對這些事情至少找到一個理由。我們不但找理
由，我們還找目的。

　　近代著名兒童心理學家皮亞傑（Jean Piaget）說[7]，在
兒童成長的某個階段，他的世界觀會有兩個基本點。一個是
「animism」，萬物有靈。他認為每個物體都是活的，比如汽
車之所以不走是因為它累了需要休息。更重要的是，任何東西
都有它自己的意願，比如「太陽在跟著我們走」。另一個是
「artificialism」，人為主義。小孩認為一切東西都是人出於某
種目的造出來的。比如為什麼會有太陽？太陽是人用火柴造出
來照亮用的。

　　由此，在兒童的世界中根本就不存在隨機現象，一切都是
有目的的。生物學家路易斯・沃伯特（Lewis Wolpert）有本書

叫《反常的自然科學》（*The Unnatural Nature of Science*），在此書中他指出，想要擺脫童稚狀態搞科學，就必須首先拋棄目的論。

科學的標誌，是對世界的運行給出一套純機械的機制。風怎麼吹，石頭怎麼落下來，並不是它有什麼目的，背後有什麼精神力量，而是物理定律決定了它就會這麼做。有些事情發生就發生了，純屬自然，並不是誰「想讓」它發生它才發生。比如愛滋病毒在黑人中傳播最多，你可以去分析它的傳播機制，但是這種傳播並不一定有什麼「目的」。

很多人研究為什麼自然科學沒有在中國發生。摩里士（Ian Morris）在《西方憑什麼》（*Why The West Rules：For Now*）這本書中說，中國之所以沒有自然科學，一個重要的原因在於中國的傳統認為天道是有目的的。我們認為上天有道德觀，它降下自然災害是對皇帝的警告，或者是對壞人的懲罰。孟子說「天將降大任於斯人也，必先苦其心志，勞其筋骨……」這段話什麼意思？苦難是老天想訓練你。

一般人可以含糊地把孟子的話解釋成「我們可以把苦難當成上天對我們的考驗」，而迴避「上天是否真的會故意考驗人」這個話題。但楊絳先生拒絕迴避。在《走到人生邊上》這本書的第八章開頭，她寫道：

大自然的神明，我們已經肯定了。久經公認的科學定律，我們也都肯定了。牛頓在《原理》一書裡說：「大自然不做

徒勞無功的事。不必要的，就是徒勞無功的。」（Nature does nothing in vain。The more is in vain when the less will do。）（參看三聯書店的《讀書》2005年第三期148頁，何兆武《關於康德的第四批判》）哲學家從這條原理引導出他們的哲學。我不懂哲學，只用來幫我自問自答，探索一些家常的道理。

大自然不做徒勞無功的事，那麼，這個由造化小兒操縱的人世，這個累我們受委屈、受苦難的人世就是必要的了。

楊絳先生得出的結論是天生萬物的目的是為人，苦惱的人世是為了鍛鍊人。可是我不得不說，楊絳先生和何兆武都把牛頓的話給理解錯了。牛頓的話出自《原理》中「Rules of Reasoning in Philosophy」這一節，原文是：

Rule I. We are to admit no more causes of natural things than such as are both true and sufficient to explain their appearances.

To this purpose the philosophers say that Nature does nothing in vain, and more is in vain when less will serve; for Nature is pleased with simplicity, and affects not the pomp of superfluous causes.

這裡「more is in vain when less will serve」的意思是說，如果很少的理由就能解釋自然，那麼再列舉更多的理由就是多餘的了。整段話的意思實際是，解釋自然界的一切，應該追求使用最少的原理。比如牛頓力學很簡單，就足以解釋自然界的

各種現象——所以就沒必要認為每個物體的每個運動背後都有它自己的特殊理由！而楊絳和何兆武在這裡把它解釋成了大自然是有「目的」的，他們理解成「大自然不會平白無故地讓一些事情發生」了。

自然沒有目的，人類社會的很多現象往往也沒有什麼目的。幾年前，一個非常流行的陰謀論觀點是電動汽車之所以遲遲沒有出來，是因為石油公司的故意打壓。現在特斯拉和比亞迪的電動汽車正在慢慢流行開來，他們受到過石油公司的打壓沒有？沒有。電動汽車的難點可能包括電池技術和充電樁的普及，這兩個很厲害，而石油公司沒那麼厲害。

人在複雜的現代社會中運動，很大程度上類似於原子在電磁場中運動，個人意願能改變的事情很少，絕大多數人都是在隨波逐流。但即使所有人都隨波逐流，複雜的系統也會出現非常激烈的「事件」。有人用電腦模擬發現，哪怕沒有任何消息輸入，僅僅是交易者之間的簡單互動，也可能讓股價產生很大的波動[8]。這些波動發生就發生了，並沒有什麼目的。每一次金融危機都會有陰謀論者站出來說這是誰誰為了某個目的故意製造的，但事實上，美國聯準會對金融市場的控制手段非常有限。在正經的經濟學家看來，把1997年亞洲金融危機歸罪於索羅斯是非常可笑的事情。

認為凡事都有目的，是普通人思維區別於科學思維的根本之一。科學家會科學思維，但科學家也是普通人，腦子裡有時候也會冒出目的論來。有研究曾經搞過一個目的論測試[9]，拿

一百個句子讓受試者判斷正誤，其中有些句子是目的論的，比如「樹生產氧氣是為了讓動物呼吸」。普通人會把50%的題目答錯。讓物理學家、化學家和地理學家來做這個測試，如果給他們足夠多的時間思考，科學家的答錯率只有（或者說「高達」，取決於你的嚴格程度）15%。

但如果規定必須在3秒鐘內做出判斷，科學家的答錯率就會上升到29%。

既然最理性的人也有一顆陰謀論的心，我們就完全不必責怪中國文化、孟子和楊絳先生了。

---

① 這篇文章以不同標題流傳在各大軍事論壇，原文標題和作者都已經不可考，其有一個版本是「馬航事件幕後黑手或浮出水面中央驚人表態」，http：//www.millike.com/2014/0320/123817.html
② 比如著名的「東方時事評論員」。
③ 這篇報導見http：//www.bustle.com/articles/18537-6-insane-medical-conspiracy-theories-half-of-the-country-actually-believes
④ 關於這個研究，參見Scientific American（September 2012），307, 91.
⑤ http：//www.businessinsider.com/true-government-conspiracies-2013-12，感謝@美國人權大觀察 告知。
⑥ http：//www.ftchinese.com/story/001036052
⑦ 他的理論的一個簡介在http：//www.telacommunications.com/nutshell/stages.htm
⑧ 這方面的更詳細介紹參考保羅斯（John Allen Paulos）的《一個數學家的股票市場》（*A Mathematician Plays The Stock Market*）一書。
⑨ 這個研究的介紹見http：//bps-research-digest.blogspot.com/2012/11/the-unscientific-thinking-that-forever.html

橋段會毀了你的生活

　　著名物理學家徐一鴻在《可怕的對稱》這本書中談到對稱性群的時候提到一個很有意思的笑話：

　　有一個客人隨他的朋友參加一個笑話俱樂部的聚會。一個會員叫道：「C-46！」其他人都會心地笑了起來。另一個站起來叫道：「S-5！」引得所有人都笑了起來。這個迷惑不解的客人問道，這是怎麼回事？他的朋友解釋道：「所有可能的笑話，當然不能計細小的差別，它們都已經被歸類編上號了，我們心裡都知道這些編號指的是什麼。」

　　多年以來，這個故事在我腦中揮之不去。是否真能做到把所有可能的笑話發現並列舉出來並一一編號，宣佈從此之後世上再沒有新鮮的笑話了呢？考慮到一個有實用意義的笑話應該可以用不超過500個漢字講完，而500個漢字的排列組合有限，我們有充分的理由認為世界上只有有限多的可能的笑話。唯一的問題是能不能在人類有生之年把它們窮舉，因為這種排列組合的總數是一個天文數字。好在人類似乎還沒有發現所有可能的笑話。就好像音符的排列組合也有限，而人類並

沒有終結所有可能的音樂一樣。

然而令人遺憾的是，所有可能在影視劇裡出現的劇情，似乎已經都被編劇們發現並使用過了。只要看得足夠多，就會發現所有的故事都似曾相識，所有的橋段都是俗套。比如有人總結了「香港TVB劇集俗套大全」，大結構①無非是女人間的爭鬥，爭家產和江湖恩怨之類。小橋段②也都是反覆使用過多次的，比如掉下懸崖一定死不了，好人躲進府中壞人一定搜不到，女扮男裝會被發現，世界上有兩個人長得一模一樣，等等，其中大多數都是傳統評書和武打小說用爛了的。但俗套絕不僅限於中文世界，美劇翻來覆去拍普通人成為超級英雄，犯罪分子則必有悲慘童年經歷；日本少女漫畫中兩人一旦發生一夜情，早上起來床上一定會少一個人。

一部影視作品、一本小說，甚至是一段廣告，無非是由多個大小不同，互相嵌套連接的劇情橋段組成。好多橋段都是被反覆使用了的，也許所有已知能用的橋段總數並不是一個天文數字。既然如此，有沒有可能乾脆把所有被用過的橋段分門別類，像笑話俱樂部一樣，不計細小的差別，全部列舉出來？

這件事已經有人做了！這就是「TV Tropes」（tvtropes.org）。這是一個維基百科式的眾人合作貢獻內容的網站，它的主題是分析列舉各種流行電影、電視劇、動畫、小說和遊戲中出現的所有劇情。網站的參與者不是任何影評人，而是一群極客，他們看電影不是欣賞情節的好壞，而是本著理工科的精神把情節分解，識別並統計其中的橋段。網站的源起是一個程

式設計師想要分析《魔法奇兵》電視劇中使用的各種俗套，現在正發展到所有作品。在TV Tropes眼中，沒有哪個作品真是特立獨行的，幾乎所有劇情都是對已有橋段的重新排列組合。

看過《阿凡達》之後，很多人反映其畫面一流但情節一般。《阿凡達》的情節有多一般？TV Tropes列舉了片中使用的上百個「俗套」。比如，劇中傑克（Jake）第一次去森林探險，當他遇到一隻雷獸，女科學家葛蕾絲（Grace）告訴他不要動，然後雷獸自己走開了……但實際上雷獸走開的原因是傑克身後有一隻更大的猛獸，這時候葛蕾絲就大喊讓他趕緊跑。這種把英雄從一個危險中拯救出來的拯救者其實是一個更大的危險的橋段，在TV Tropes中叫做「Always a Bigger Fish（總有一條更大的魚）」。在這個橋段的條目下，網站列舉了使用過它的多個作品，比如《侏儸紀公園III》。

橋段（tropes），是劇情的基本粒子，也是TV Tropes的基本單位，被分門別類的一一列舉，就差編號了。但TV Tropes的真正意義並不是「橋段百科全書」或「橋段資料庫」，而是一個「橋段程式語言」！每一個程式設計師寫程序都要調用大量現成的庫函數，每一個做數值計算的科學家都有一本演算法大全，TV Tropes就是劇本的庫函數和編劇們的演算法大全。

如果你想在一部動作電影裡來一段追逐戲，TV Tropes會告訴你追逐戲一共有57種不同的橋段可供選擇。如果被追的這個人比較笨，一個辦法是讓他往高處，比如說往樓頂上跑，這

樣的結果就是他會被陷在那裡，《金剛》就用了這個辦法。如果被追的這個人很聰明，就必須給他一點難度，比如說他想消失在人群中可是身上穿著某種顯眼的衣服不能換，然後再安排這時候正好趕上有一群人都穿著類似的衣服走過！比如《黑暗騎士》中的幾十個人質就都被戴上了同樣的面具。相比之下，追壞人的英雄隨便攔下一輛計程車，讓司機「跟上前面那輛車」這個橋段就實在是太俗套了。

　　生活中，人與人之間應該有幾乎無限多種可能發生的事情，為什麼劇本中只有57種追逐方法？因為只有這些追法好看。正所謂「文似看山不喜平」，觀眾看電影追求的是好看，而不是真實。從有通俗文學那天開始，一代代的作家和編劇們絞盡腦汁，就只發現了57種好看的追逐。反過來說如果不用任何橋段，平鋪直敘，就好像我看的一個網路小說一連三天連載都是你一言我一語地開會，那還有什麼意思？

　　TV Tropes網站的出現，必然是通俗文學史上的一件大事，因為它把編劇從藝術變成了技術。莎士比亞時代天才的劇作家都是單打獨鬥，而現在，美劇編劇都是團隊合作了。我希望中國的編劇們，尤其是TVB，多讀一讀這個網站，學幾個新鮮點的套路。也許未來的編劇們討論劇情，是這麼一種方式：

編劇A：「前25分鐘是一個A-15劇情，分四段，分別是NM-23、KB-1、DSJ-9和Z-4。建議其中從第一段到第二段的過渡使用一個XUB-7。」

編劇B：「XUB-7最近三年已經被人用過13次了，是不是

可以換成PI-32？」

編劇C：「不妥，我查了最新的統計，63%的亞洲20歲以
下女觀眾不喜歡PI-32劇情。」

庖丁解牛到了一定的境界，眼睛裡面看到的就不再是一頭
完整的牛了。一個人一旦熟知了TV Tropes上的各種橋段，再
看電視劇就會只看到一堆庫函數。這樣看電視劇還有意思嗎？
所以TV Tropes的口號就是「TV Tropes Will Ruin Your Life（TV
Tropes會毀了你的生活）」。無形之中，劇情資料庫把觀眾分
為「會看電影的」和「不會看電影的」兩類，只有不會看電影
的觀眾才會被劇情感動，而會看電影的觀眾則永遠失去了這個
樂趣。豆瓣這樣的小資影評網站有可能會被理工男們占領，他
們使用橋段編碼對每一部影視劇進行基因分析，用外行看不懂
的語言劇透。

《連線》雜誌的布朗（Scott Brown）在談到TV Tropes時發出
感慨[3]，認為原創劇情已經消失了。其實也不至於。真正的原
創劇情是高雅文學和文藝片的事情，流行文學和商業片只需要
「好用的」劇情。評價嚴肅作品，往往要看它是不是發明了獨
一無二的人物和劇情。所以嚴肅文學作家是科學家，通俗文
學作家是工程師。另一方面，科學和社會進步總能帶來一點新
鮮的劇情，比如發現相對論之前，又有哪個劇本使用過時間旅
行？

最後讓我把本文開頭的笑話講完。

有一個人站起來叫道：「G-6！」這時每一個人都捧腹大笑起來。這個客人問究竟是什麼笑話如此可笑。他朋友答道：「哦，這是喬・史蒙，他笨透了，他還不知道根本沒有G-6這種類型的笑話呢！」

因為一個人說錯編號而引發的笑話本身必然也在笑話俱樂部的資料庫中，但是親眼目睹一個笑話發生還是值得捧腹大笑一次──說明就算所有橋段都已經被發明了，商業片仍然可以拍得很好看。有了各種庫函數，編程是如此的簡單，以致於高中生也會寫程式，可是最好的程式設計師仍然可以把編程從技術上升到藝術的境界。

---

① http：//hi.baidu.com/capability/item/b3ded2559d83a4a9adc85772
② http：//nj.focus.cn/msgview/3125/36975811.html
③ Scott Brown on the Building Blocks of Prime Time，By Scott Brown 08.30.10.

健康的經濟學

工作重要還是健康重要？這個問題不是心靈雞湯問題，而是經濟學問題。據統計[①]，中國大城市白領中因為經常加班而處於過勞狀態的接近六成，其亞健康[②]的比例高達76%。每個人都知道加班可能會損害健康，然而大多數人在工作和健康之間仍然選擇了工作。某些心靈雞湯派人士對此顯然持鄙視的態度，難道你們不知道沒有健康一切都是零嗎？這些人難道是集體處在一種非理性狀態，都想掙錢卻不要命了嗎？

如果每加班1小時都一定能使壽命減少5分鐘，恐怕就不會有這麼多人加班了。但工作時間與健康並不是一個確定關係，而是一個機率關係。比如一項歷時11年，跟蹤考察了7,000個英國人的最新研究顯示[③]，每天工作11個小時的人患心臟病的可能性比8個小時就下班的人高67%。這個結果聽起來並不那麼可怕，因為正常人患心臟病的機率本來也不高。有很多人一生勞累奔波，最後仍然長命百歲。而且統計表明[④]那些工作很輕鬆，生活無壓力的人反而不如努力工作的人長壽。但無論如何，超時工作的確會帶來更高的健康風險。

即便如此，那些為了工作而寧可冒這個險的人也可能是

相當理性的。事實上，社會經濟地位越高的人，越強調工作優先。60%的白領處於過勞狀態？中國企業家的過勞比例是90.6%[5]。美國的一項統計[6]說，如果你手下有一兩個人，你大概會有9%的可能性為工作而主動錯過一次體檢；如果你手下有三四個人，這個可能性就會變成30%；而如果你手下有11個人以上，可能性則是41%。越是有錢的人，他們的健康就越值錢，所以他們就越有可能用健康換錢？

只要換得值。我們可以舉一個極端的例子：妓女。哪怕媒體再怎麼宣傳保險套對防止愛滋病傳播的重要意義，哪怕保險套變得非常便宜而且很容易獲得，很多妓女仍然會在一些性交易中選擇不用。這並不是因為妓女居然愚蠢到聽不懂關於愛滋病的科普，而是因為她們比一般人更瞭解愛滋病——她們在長期的「工作」中做出了理性的計算。

保險套是妓女的一個重要講價手段。據柏克萊的經濟學家格特勒（Paul Gertler）等人針對墨西哥妓女的一項研究[7]，如果「客人」堅持要求使用保險套，那麼他就必須在談好的價格基礎上多付10%；而如果他堅持要求不用保險套，則必須多付24%。那些被認為更有吸引力的妓女則可以因為不用保險套而多獲得47%的收入。

更高的收入意味著更大的風險，但這個風險不是無限大的。提姆·哈福德（Tim Harford）在《誰賺走了你的薪水》（*The Logic of Life*）這本書中提到，平均每800個墨西哥人中，才有一個愛滋病毒攜帶者。即使是妓女，這個比率也只

有1%。哪怕一個妓女運氣差到正好跟一個愛滋病毒攜帶者進
行不用保險套的性交易,她因此而被感染的可能性也不會超
過2%,而如果雙方都沒有其他性病,這個可能性甚至低於
1%。這麼算的話她在一次不被保護的危險性交易中染上愛
滋病毒的機率大約是萬分之0.125。考慮到她因此而多得的
收入,經濟學家計算,墨西哥妓女平均每損失一年的健康生
命,可以額外獲得一萬五千到五萬美元,相當於她年收入的
五倍。

五年收入換一年生命,這就是墨西哥妓女健康風險的價
值。也許很多人會認為這個交易根本不值,但中國煤礦工人很
可能還拿不到這個價。所謂「健康無價」,其實是不可能的。
我們每一次出行都冒著交通事故的風險,但我們還是決定冒這
個險。所以對待健康和工作的正確態度,不是一味地強調某一
端,而是需要根據自己的情況合理計算。

在一個公平合理的社會裡,更高的風險必須給人更高的
價格。而我們這個社會沒有做到這一點。很多人的議價能力
連墨西哥妓女都不如,可是他們別無選擇地接受了自己健
康的價格。這時候你能指責他們愚蠢嗎?

某些事業會使人完全忽略任何形式的計算,人們為了完成
這個事業可以什麼都不顧。鄧稼先(編注:中國原子彈之父)
不是不知道核輻射,也不是不知道他的健康對國家的重要性,
但他仍然選擇親自去查看核彈碎片。橄欖球是一個高風險但高
利潤的運動,美國橄欖球運動員蒂爾曼(Pat Tillman)擁有3

年360萬美元的合同，但他在「9・11」事件之後選擇了一個更
高風險，卻更低利潤的職業：參軍。結果死在了阿富汗。

　　經濟學大概解釋不了鄧稼先和蒂爾曼的行為，而且也不是
所有東西都可以用錢來衡量。但不管算什麼，大多數人的大多
數工作是做了計算的。有人參加美軍去伊拉克服役只不過為了
一家人的醫療保險。日本核洩漏事故，前往清理福島核電站的
全部志願者的年齡都超過60歲。人們把這些志願者視為英雄，
他們的確是英雄，但他們是有理性的英雄。據一個志願者跟記
者說[8]，他們的決定不是出於勇敢，而是出於邏輯：「我今年
72歲，大概還有十幾年的壽命。而就算被輻射了，也需要至少
二三十年才能形成癌症。所以我們這些年長的人得癌症的可能
性更小。」

　　一個選擇了高風險高回報的人在健康出問題以後應該願賭
服輸——再給他們一次機會很可能還是這樣選。

---

① 工人日報2011年4月文章：《「拚命加班」見怪不怪 近六成白領「過
　勞」》，作者錢培堅。

② 其實「亞健康」並不是一個科學概念，參見蘇木七的果殼網文章：《別
　再被「亞健康」忽悠了！》http://www.guokr.com/article/438333/ 所以
　這個統計並不科學，但這對本文主題影響不大。

③ The Huffington Post：Working Long Hours Is Bad For Your Heart, 4/5/11.

④ The Key to Longevity? Hard Work - By Robert Lewis, InsWeb.com,
　August 26, 2011.

⑤ 新華社：《企業家頻發「過勞死」為誰辛苦為誰忙》，作者商意盈 張
　樂，2011年4月。

⑥ Business Matters：Business owners sacrifice health for work， December 14, 2009.

⑦ Paul Gertler et al., Sex Sells, But Risky Sex Sell for More， http：// faculty.haas.berkeley.edu/gertler/working_papers/SexSells%201-30-03.pdf

⑧ BBC News：Japan pensioners volunteer to tackle nuclear crisis-By Roland Buerk，31 May 2011.

核電廠能出什麼大事

　　與其說2011年日本地震引發的核洩漏是對核電這種能源前途的考驗，不如說是對公眾科學素養的考驗。「核」使人想到原子彈，本來就不是一個形象友好的詞，而「核電」則更進一步使人想到癌症。以前人們不喜歡核電，現在人們恐懼核電。「安邦諮詢首席研究員」陳功，甚至說核電「一旦出大事，四川話都面臨消失的危險[①]」。

　　其無知如此。

　　所以我們有必要看看核電站能出什麼大事。有無數篇文章介紹核洩漏的相關知識，這些文章說來說去都是「日本目前輻射劑量多少，天然輻射劑量是多少，而國家標準是多少」之類的數字，效果不是很明顯，以致於還是有很多人在反對核電。「輻射劑量」其實不是一個好的輻射知識，我想介紹一點更基本的知識[②]，這些知識至關重要，卻恰恰沒有成為公眾的常識。

1. 核爆

　　在最壞的情況下，哪怕有一幫科學家徹底瘋了，要自爆核

電廠以報復人類，核電廠也不會像原子彈一樣爆炸。你可能會獲得一次常規當量的爆炸，像動作電影裡那樣，幾個房子被炸燬，但絕不是原子彈。因為原材料純度遠遠不夠。這個知識是容易理解的，如果核爆炸這麼容易，某些國家早就有核武器了。事實上，維持核電廠反應爐中的鏈式反應是很不容易的，以致於如果失控，鏈式反應會立即停止。燃料會繼續變熱，像日本這樣需要灌水冷卻，但這種變熱不是鏈式反應，也就是說哪怕你不管了，讓燃料自己慢慢冷卻，它也不會發生核爆。

核電事故的有害性在於輻射。在最壞的情況下核電廠的工作人員會因為輻射在幾週之內死亡。但這種輻射引起的直接死亡並不影響公眾利益，所有工廠的大事故都可能導致工作人員死亡，核電廠並不特殊。

所以在任何情況下核電廠都不會導致四川話消失。核電廠洩漏對公眾的真正危害是癌症。所有人都知道輻射導致癌症，但很少有人注意到一個更重要的事實：不輻射也可能得癌症。

2. 癌症

根據美國國家癌症研究所對美國17個地區統計的最新數據[③]顯示，一個人一生之中得癌症的機率是44.29%，最終因癌症而死的機率則是21.15%。注意美國是個已開發國家。世界衛生組織的數據[④]顯示，全世界範圍內死於癌症的機率只有13%，這是因為不已開發國家的人還沒等到得癌症死就已經因為別的原因死了。

美國的數據給出了一個人患癌症的基礎機率。有些癌症

可以用吸菸和環境之類的原因解釋，有些癌症則無法解釋。哪怕你的生活方式再健康，你的食物再有機，你的環境再清潔，你再遠離各種核輻射，你也有近20%的可能性死於癌症。科學家也搞不清楚為什麼會是這樣，但事實就是這樣。

我們需要一點機率意識。並不是說一旦被核輻射了，25年或者多少年內就一定會得癌症。核輻射致癌的數學是在20%的「基礎機率」的基礎上，增加人死於癌症的機率。這個被增加的機率與輻射的劑量成正比，具體地說就是每受到25侖目的輻射，得癌症的機率增加一個百分點。這裡「侖目」（rem）是對人體有效的輻射計量單位，換算成媒體報導常用的單位「西弗」（Sv），是1侖目=10毫西弗=10,000微西弗。

100侖目（也就是1,000毫西弗）以下的輻射不會對人體產生直接的影響，唯一的可能就是長期看來得癌症的機率增加了4個百分點。所以「侖目」和「西弗」都不是衡量輻射劑量的好單位，「癌症增加機率」才是好單位。

據報導[5]，地震發生十天後，日本距離福島最近的三個縣中輻射劑量最高的是茨城縣，為每小時0.169微西弗。在這個劑量下要想使一個人死於癌症的機率增加1個百分點，他必須在茨城縣生活250000/0.169/24/365=168年。注意這還不算輻射劑量會隨時間下降這一要素。如果有人認為自己所在城市的空氣污染導致增加的癌症機率高於一個百分點，而茨城縣又想吸引移民的話，他立即就可以搬過去了。

以上計算的一個缺陷是我們沒有考慮到核洩漏初期的輻

射。那個時候的輻射劑量要強得多，如果核電站是建在人口比較密集的地方，那麼可能會有很多人因為重大事故而一次性地「被增加」不少癌症機率。同時，核輻射的確有可能漂洋過海影響鄰國。也許鄰國受到的輻射劑量非常微小，但微小的劑量也有可能增加癌症率啊。所以更有意義的數字，是一次核電站事故總共可以增加多少癌症患者。這個數字很難算，但我們有三個歷史上的例子。

第一個例子是長崎和廣島的兩顆原子彈。據估計，在10萬倖存者中，平均每人受到的輻射劑量大約是20侖目，也就是說每人被增加的癌症機率是0.8%。這相當於10萬人中有800個本來不應該死於癌症的人最後死於癌症。這10萬人中本來應該有至少20,000人死於癌症，現在變成了20,800人。

第二個例子是車諾比。車諾比核電廠的設計非常之差，甚至沒有一個有效建築把反應爐隔離一下。這導致被事故直接影響的3萬人平均受到的輻射劑量是45侖目（高於原子彈），他們被增加的癌症機率是1.8%。這意味著3萬人中有500人得了不該得的癌症。

車諾比事故總共導致了多少癌症？2006年，國際原子能機構估計它的總影響是使4,000人得了不該得的癌症，但這個估計是建立在嚴格的輻射—癌症正比關係上的，也就是說哪怕你受到的輻射再小也會增加一定的癌症機率。很多科學家對這個關係有爭議，認為如果輻射劑量小於6侖目（相當於6萬微西弗），那麼根本就不會增加癌症機率。也就是說國際原子能機構的估計是上限。

　　第三個例子是1979年的美國三哩島事故。這個核電廠按今天標準也不行，如果設計得更合理一點，事故是可以避免的。那麼這個事故增加了多少癌症呢？計算表明是，一個。實際上，2002年的一個研究⑥表明三哩島居民的癌症率根本就沒有顯著增加。更有意思的是三哩島核電廠所在地因為土壤裡存在天然鈾，其輻射本底本來就高。三哩島附近居住的5萬居民，就算沒有核電廠，也會有60人死於天然核輻射導致的癌症。

　　中國和美國的國家標準都是規定一般公眾每年受到的輻射劑量不超過1毫西弗，也就是0.1侖目。如果按照這個標準，茨城縣每年的輻射劑量（假設劑量不變）是1.48毫西弗，就超標了。但國家標準是一個相當保守的規定。這個標準是建立在前面說過的輻射—癌症正比關係上的，也就是說它認為不管輻射的劑量多麼小，都會帶來癌症。就算我們認為這個正比關係成立，那麼0.1侖目標準背後的邏輯是它會增加0.004%的癌症機率。

　　如果你不知道這個癌症機率，只看輻射國家輻射標準的話，你就喪失了在不同癌症之間權衡比較的權力。一個輻射超標但是空氣清潔的城市是不是比一個空氣污染但是輻射達標的城市更安全？1毫西弗標準不能告訴我們這些。實際上，丹佛附近的天然輻射劑量就超過國家標準。一個丹佛居民每年受到的輻射差不多正好比一個紐約居民高1毫西弗。然而丹佛的癌症發病率低於美國大部分地區。

　　國家標準其實是個人治標準。對於決策者而言，輻射—癌症關係遠遠比國家標準更有參考價值。因為國家標準的存在，公眾得到的是經過封裝的科學知識。公眾害怕的不是輻射，而

是對國家標準的踐踏。這正如公眾恐懼的不是癌症，而是因為「奇怪」原因導致的癌症。

3. 哲學

現有的核電廠，更不必說在建的核電廠，其安全水平都絕對超過車諾比。因日本地震產生的核電廠癌症能有多少？要知道車諾比的上限才4,000人。現在我們用最保守的估計，假設全世界的核電廠每隔十年就會發生一次車諾比水平的大事故，導致4,000人死於癌症。那麼每年因為核電廠而死於癌症的人將是400人。

我們的問題是，這種情況能壞到哪去呢？或者說，我們有權為了取得能源而犧牲這400個人嗎？

這顯然不是一個物理問題，有些哲學家會認為這是一個哲學問題。據說有個哲學家曾經提出一個「頭疼問題」。說假設現在有10億人正在輕微地頭疼，如果你殺死一個無辜者，那麼這10億人的頭疼立即就能好，請問你殺還是不殺呢？

我猜很多人可能會選擇不殺。具體到核電廠，也會有很多人選擇寧可不要核電也不能犧牲400個無辜的生命。但也有一些人會認為犧牲是值得的。我看了電視劇《借槍》（編注：中國2011年關於諜戰的電視劇），地下黨行動組組長鐵錘就認為犧牲學生去刺殺加藤是值得的，而熊闊海則認為不值得。所以這位哲學家煞有其事地把這個問題提出來，好像此題無解一樣。

可是事實是我們中的所有人，早就選擇殺了！每年死於交

通事故的人數以十萬計，可是我們該開車開車該坐車坐車。從來沒有人提議禁止一切汽車。

更重要的是，中國每年有數以千計的礦工死於礦難[7]。更不用說因為燒煤產生的污染，導致的各種病症的增多。而燒煤，正是為了發電，這就是中國目前發電的絕對主力：火力發電[8]。我們用著拿別人生命換來的電，心安理得。跟火力發電相比，核電就好像民主制度一樣，雖然也不是個好的發電方式，卻是「最不壞」的發電方式。

鐵錘說，讓加藤多活一天，我們都是犯罪。如果不儘快上核電，讓火力發電多活一天，我們也是犯罪。

---

① 陳功：《中國的核電戰略應三思而行》2011年03月16日，來源：鳳凰網財經。

② 本文所有物理知識來自 *Physics for Future Presidents* 一書，作者 Richard A. Muller。此書說的都是物理學家的常識。如果說總統需要物理知識的話，「諮詢研究員」就更需要了。

③ 數據在 http：//surveillance.cancer.gov/statistics/types/lifetime_risk.html

④ http：//www.who.int/mediacentre/factsheets/fs297/en/

⑤ 新華網：《日本各地輻射劑量繼續減少 輻射影響範圍擴大》2011年03月21日。

⑥ 紐約時報文章：Normal Cancer Rate Found Near Three Mile Island Plant By MATTHEW L. WALD, November 1, 2002.

⑦ 2011中國礦難死亡人數首次達到2,000人以下，為1,977人。2002年的礦難死亡人數是6,995人。http：//news.sina.com.cn/c/2012-02-27/131424010277.shtml

⑧ 有研究認為火電廠造成的核輻射比核電廠還大。參見果殼網文章《科學美國人：火電廠造成的輻射比核電廠大？》http：//www.guokr.com/article/16911/

Part 2 成功學的解藥

我們需要的是科學的勵志，只有你的理論具有普遍意義，你的成功才可以被複製。

科學的勵志和勵志的科學

　　勵志類書籍的流行，也許是一個國家全面進入現代化，都市白領變成普遍職業的必然結果吧。我們看今天的中國各大書店的暢銷書排行榜，這類完全不計較文筆，用最直白的語言告訴你怎麼「成功」的書籍占據了書架最顯著的位置。這種書在文藝青年眼裡顯然上不了檯面，先不說追求所謂成功並不是什麼了不起的情懷，就算那些已經成功了的人，又有什麼值得讚賞的呢？然而對於普通青年來說，如果能通過讀書來瞭解一些前輩的經驗，掌握一點做事的方法，甚至哪怕僅僅獲得一種更樂觀向上的精神，其實都是很不錯的收穫。讀書難道不就是為了這些嗎？

　　我不是文藝青年，可是如果你非讓我在公共場合拿一本《柯林頓教我5天成功的祕密》或者《30天迅速擁有超級人脈》，我也會感到極端不好意思。這種強調方法簡便易行的勵志書一看就不可能有什麼學術價值，而且還暗示讀者是個貪婪而又懶惰的傻瓜。中國市場的勵志書特別喜歡談「人脈」，講人脈的書隨便就能找到幾十本。如果再加上從人脈衍生出來的相關領域，比如關於「談話的藝術」、「影響力」，乃至「氣

場」，我們可以輕易地發現：在中國，社會關係就是第一生產力。而據大前研一《低智商社會》的介紹，日本的勵志類暢銷書比較強調「品格」，似乎跟武士道精神一脈相承。世界上最大的勵志書生產國當屬美國，美國最愛談的則是「積極正面的思維」，特別重視自尊和自信。

這些勵志流派的問題在於它們或者是某個成功人士的個人感悟，或者是某個記者蒐集的八卦軼事，甚至某個作家臆想出來的心靈雞湯，它們都不是科學理論。在個人傳記裡，成功人士往往擁有傳奇經歷和突出個性，在八卦軼事裡成功很大程度上是因為會耍嘴皮子，在心靈雞湯裡成功是因為他有正確的價值觀，是個好人。可是你怎麼知道這些道理是不是可重複和可檢驗的呢？也許這幫人只不過是運氣好而已！我們需要的是科學的勵志，只有你的理論具有普遍意義，你的成功才可以被複製。

幸運的是，現在已經有了一些科學的勵志書，它們不再依賴名人軼事，而是藉助實驗和統計。這些書中的理論的背後都有嚴肅的學術論文作為依據，它們是幾十年來心理學和認知科學進步的結果。在科學家看來，賈伯斯的個性管理也許根本不值得推廣，而馬克・扎克伯格的所謂天才霸業，遠遠比不上一群普通學生在幾個月內的整體進步有研究價值。科學家，是勵志領域一股撥亂反正的勢力。比如著名記者葛拉威爾的《決斷2秒間》（Blink）一書曾經被視為新思想的代表，如今在科學家的著作裡卻經常被當成反面教材引用。

　　然而即便是科學的勵志，也不見得就能一錘定音地告訴我們該怎麼做，對很多問題科學家也不知道答案。但是有一個勵志理論似乎成熟了，這就是意志力。佛羅里達州立大學的心理學家羅伊·鮑梅斯特（Roy Baumeister）和科學記者約翰·提爾尼（John Tierney）出的一本書《增強你的意志力》（Willpower），就是對這一領域研究成果的嚴謹而又通俗有趣的介紹。這本書不僅僅是一種「科學的勵志」，而且因為它說的就是勵志的「志」本身，又是「勵志的科學」。

　　想要知道什麼品質對成功最重要，科學的辦法不是看名人傳記，而是進行大規模的統計。你要做的事情很簡單，只要把所有可能有用的品質都列舉出來，找很多人進行測試，看看每個人都有些什麼品質，然後看看哪些人是生活中的成功者。有了這些數據之後，只要考察那些成功者都有而不成功者又沒有的品質，我們就知道決定成功的可能品質是什麼了。有一項研究，它對大學生的三十多項品質進行了統計，發現其中絕大多數對學習成績幾乎沒有影響。有的人外向，有的人內向，有的人幽默，有的人嚴肅，這些人學習的好壞純屬偶然。

　　真正能左右成績的品質只有一個：自控。

　　能管住自己，該上課的時候就去上課，該寫作業寫作業，多學習少看電視，這個品質就是學業成功的祕密。統計表明，想要預測一個學生的大學成績，自控能力甚至是比智商和入學成績更好的指標。

　　不但大學生如此，在職場上也是自控能力強的人更受歡迎。他們不僅工作幹得好，而且更善於控制自己的感情，更能

從別人的角度思考，更不容易出現偏執和抑鬱之類的心理問題。研究者普遍認為，排除智力因素，不管你心目中的成功是個人成就、家庭幸福還是人際關係，最能決定成功的只有自控。

　　自控需要意志力。一般人可能認為意志力是一種美德，應該通過教育的方式提升思想的境界來培養。然而實驗表明，意志力其實是一種生理機能。它就好像人的肌肉一樣每次使用都需要消耗能量，而且用多了會疲憊。在作者鮑梅斯特本人領導的一個著名實驗中，作為受試者的學生們被要求事先禁食，全都餓著肚子來到實驗室，然後他們被隨機地分為三組。學生們以為實驗的目的是測試他們的智力。他們的任務是做幾何題，而他們不知道這些題其實都是無解的，實驗真正測量的是他們願意在題目上堅持多長時間才放棄。控制組的學生直接做題，他們每人平均堅持了20分鐘。而兩個實驗組學生在做題之前則先被帶到另一個房間，面對剛烤好的巧克力餅乾以及一些蘿蔔。實驗人員告訴第一組學生可以隨便吃餅乾，但是要求第二組學生只能吃蘿蔔。你可以想像自己在飢餓狀態看著熱氣騰騰的餅乾而不能吃是一種什麼感覺，你需要強大的意志力才能只吃蘿蔔！

　　第二組學生抵制了餅乾的誘惑。然後兩組學生都被帶去做題，結果餅乾組跟控制組一樣，堅持了20分鐘，而蘿蔔組只堅持了8分鐘。唯一的解釋是，蘿蔔組的意志力在抵制餅乾的時候被消耗掉了。

　　意志力是一種有限的資源，你用在這裡就沒法用在那裡。為什麼統計表明總能按時交作業的學生反而經常穿髒襪子？為什麼每當期末考試之前學生們更容易吸菸，不注意飲食和個人衛生？因為他們的意志力用在學習上了。如果一個人在工作中用到很多意志力，回家以後就很難再用。雙薪夫婦很容易為了小事吵架，因為他們懶得控制自己的情緒。反過來說，如果讓他們早點下班，雖然在一起的時間增加了，但是卻會更少發生爭吵。

　　如果使用意志力會消耗能量，那我們可以通過補充能量的辦法提高意志力嗎？事實正是如此。在作者的另一個實驗中，研究人員偶然發現如果在實驗過程中給受試者喝一點含糖的飲料，比如果汁，他們的意志力就會被增加。而且必須用真正的糖，甜味替代品沒用。據此，研究者推斷：人的意志力能量來自血液中的葡萄糖。這一說法在諾貝爾獎得主康納曼（Daniel Kahneman）的《快思慢想》中也得到了採納。葡萄糖理論有很多佐證，比如低血糖症患者的意志力就比較弱，研究發現，他們很難集中注意力和控制自己的負面情緒。糖尿病患者血液中有很多葡萄糖，可是他們不能合理運用所以意志力也薄弱，作者形容糖尿病患者就好像一個人守著一大堆柴火卻沒有火柴一樣。更有甚者，有芬蘭科學家僅僅通過測量即將被刑滿釋放的犯人的葡萄糖耐受性，就能以超過80%的準確度預測他們是否會再次犯罪！
　　這樣看來，當一個人沒有意志力的時候，我們似乎不應該

指責他的「人品」——正如你不應該指望瘦小的人拿重物，或者讓跑累了的人爬樓梯。但這並不是說意志力是完全客觀不可控的，實際上，我們可以想辦法合理地支配這種資源，甚至像鍛鍊肌肉一樣增加意志力的容量。而這一切必須建立在對意志力的科學的認識基礎之上。

一個有意思的發現是：做選擇會消耗意志力。在一個實驗中，受試者面對很多禮物，而每個人只能帶走一樣。第一組受試者被實驗人員不停地問：你要鉛筆還是要蠟燭，如果要蠟燭的話你要這種蠟燭還是那種蠟燭，你要這個蠟燭還是要T恤衫，你要黑色T恤衫還是白色的……不停地讓他們做選擇。而另一組受試者也要對每一個東西進行評估，比如問他們這個東西對你來說價值大不大之類的問題。兩個組做的事要消耗同樣多的時間。選定了禮物之後，兩組受試者到另一個房間測試自控能力：把手放到冰水裡看他們能堅持多長時間。結果發現，做了很多選擇的這一組人，能堅持的時間要少得多。

這就是為什麼我們在意志薄弱的時候不願意做選擇的原因。此書提到，商家非常理解這個被稱之為「決策疲勞」的原理。買新車的時候往往會有很多升級配置的選項，而聰明的銷售總是讓你剛來的時候先對一些花錢少的配置進行選擇。等你連續決策到選累了以後，他再向你介紹價格貴或者根本沒用的選項，比如要不要來個防鏽？而這時候，你的意志力已經沒辦法對抗他的推薦了。更有意思的是，如果採取這種先易後難的選擇順序，顧客對購物體驗的評價往往還更高。

　　冒險也需要意志力。統計表明，以色列犯人的假釋申請批准率為35%，而能不能被批准與審核這個申請的法官……什麼時候吃飯很有關係。如果這個申請是在法官剛剛吃完早餐或午餐的時候審核的，那麼它的批准率是65%，然後隨著時間慢慢減弱。等到臨近下一頓飯兩個小時前，法官已經感到餓了的時候，那時批准率幾乎是零。意志薄弱的法官們做出了風險最低的決斷。

　　為什麼廣告要用美女？因為美女，哪怕僅僅是美女照片，都能降低男人的意志力。善於自控的人可以為長遠打算而拒絕短期誘惑，比如他們為了能在一個月以後得到150美元而放棄立即可取的100美元。但是一個實驗發現在做這種選擇之前如果讓受試者看一些名車或者漂亮異性的照片，他們的意志力就會減弱。效果最明顯的是美女照片：之前選擇等待150美元支票的男性受試者，看完美女照片後很多選擇了100美元支票。名車照片只對女性略有影響，而美男照片則幾乎沒有影響。

　　除了好習慣可以減少意志力消耗外，作者提到另一個重要的自控手段是自我監視。實驗表明，僅僅在房間裡放一面鏡子就能讓受試者的自控力增加不少。據此作者建議我們把自己經歷的每一秒時間，花的每一分錢都上傳到專門的網站上以作記錄。如果這也不能讓你管住自己，你還可讓別人來監控。比如你可以把一筆錢交給朋友或者專業網站代管，並宣佈如果你不能在規定的時間內完成一項任務，比如戒菸，他們就有權把這筆錢捐給慈善組織！

　　怎樣提高意志力？柔日讀史，或者看個熱血電影？這些傳統智慧並沒有科學根據。而一些比較現代的雞湯式建議，比如多想一些高興的事來獲得「正能量」，或者「態度決定一切」之類，本質上都是用自我暗示的辦法調節情緒，對提高意志力其實沒作用。

　　真正有效的辦法是「常立志」。意志力是一種通用資源，這意味著你可以通過做一些日常小事來提高意志力，然後把它用在其他事情上。此書提出的一個有效的練習辦法是做自己不習慣做的事。比如你習慣用右手，你可以有意識地用左手。你還可以強迫自己說的每一句話都必須是書面語的完整句子，而不得出現俚語、省略語和髒話。在一項實驗中有三組學生分別想提高自己的學習、省錢和健身能力，結果通過一段時間內在實驗室對著螢幕鍛鍊注意力來提高意志力後，他們不但各自想要提高的能力提高了，而且還順帶提高了其他兩個能力。

　　意志力顯然不是人們喜歡自誇的能力。作者感慨，明星們發表獲獎感言的時候從來沒有人說過我成功是因為我能控制自己！儘管他們失敗的時候有時候會提到自己沒有自控好。也許一百年前的人還比較愛講意志力，現在的人，尤其是美式教育，熱衷的是自尊和自信──有人統計最近幾十年來歌曲中「我」這個詞出現的頻率明顯增加。但高自尊並不導致高成就，事實上，那些自尊過度的人往往會發展成自戀。

　　中國的教育改革家們一天到晚就想著把強調自控的中式教育改成強調自尊的美式教育，這其實是捨己之長用人之短。看

中式教育理念行不行的科學辦法不是對比中國大學和美國大學，而是考察那些生活在中式家庭傳統，又同時在美國上學的孩子。儘管亞裔只占美國人口的4%，亞裔學生卻占到史丹佛等頂級名校的四分之一。亞裔不但比其他族裔在獲得大學文憑方面比重更大，而且他們畢業後的工資也比平均水平高25%。一般人把這個成就歸結為亞裔的智商高，但統計表明同樣是進入一個高智商的行業，白人需要的智商是110，而亞裔只需要103。

亞裔靠的是意志力。有實驗發現，中國的小孩從兩歲開始就媲美國的小孩有更強的自控能力。可能是基因的問題，因為中國的過動症兒童媲美國少得多。也可能是傳統的問題，因為中國的父母更早地要求孩子控制大小便。不管是什麼，中國文化雖然不怎麼擅長科學思維，也不太明白意志力到底是怎麼回事，它卻在意志力的實踐上遙遙領先。這難道不是我們的優勢嗎？那些全神貫注聽講的小孩，比每隔三分鐘就得吃點零食的小孩酷多了。

匹夫怎樣逆襲

　　印度移民維韋克・拉納戴夫（Vivek Ranadivé）在矽谷有自己的軟體公司，但是他對紅木市女子籃球隊教練的工作更上心，他的女兒在這個隊裡。隊裡的孩子們全都來自矽谷工程師或書呆子家庭，她們的身體素質一般，而且沒有幾個人真的想把籃球打好，對她們來說，讀書和科技遠遠比籃球有意思。但是拉納戴夫決心贏球，而且還想問鼎全國少年聯賽冠軍。我們可以想像他面臨的巨大困難，更可怕的是，他自己從來沒打過籃球。

　　寇恩（Gary Cohn）從小患有失讀症。這不是一般的學習障礙，而是一種疾病，是大腦硬體有問題。失讀症患者的閱讀速度比正常人慢很多，他們很難記住單詞，因為他們大腦處理文字的方式根本不對。寇恩這樣的孩子當然不受老師喜歡，所以寇恩也不喜歡老師，他甚至曾經攻擊過老師。為避免被同學視為白痴，寇恩會時不時地做些搞怪的事，比如假裝小丑，因為小丑的社會地位似乎比白痴高。寇恩的媽媽最大的願望是寇恩能夠獲得高中文憑，這一點寇恩做到了，但是他還有個更好的理想：他想當股票交易員。他根本不知道該找誰，但是在一次偶然的機遇中寇恩遇到紐約世貿大樓裡走出來一個看上去衣

冠楚楚的人正要搭車去機場，他走過去說：「我也去機場，咱倆能共乘嗎？」這樣他獲得了跟這人聊上一小時的權利。幸運的是這人還真是某個金融公司的重要人物，而且他們公司下周就有個股票期權交易員的位置要招人。「你看我能不能到你們公司工作？」「你懂期權嗎？」那人問寇恩。寇恩根本不知道期權是幹什麼的。

懷亞特・沃克（Wyatt Walker）是馬丁・路德・金恩（Martin Luther King Jr.）的最重要助手。金恩是民權運動的精神領袖，而沃克則是幕後的組織者和策劃者。1963年，民權運動正處在一個危機之中。金恩在喬治亞州的奧爾巴尼搞了九個月的示威活動沒有取得任何進展，現在沃克和金恩要把戰場轉移到阿拉巴馬州的伯明罕。伯明罕是美國種族隔離最嚴重的城市，三K黨非常活躍，警方對黑人的抗議行動表現強硬。當地黑人的群眾基礎也不行，人們不敢上街，因為他們擔心一旦被發現跟金恩在一起就會被自己的白人老闆解僱。然而金恩和沃克必須組織一場聲勢浩大的遊行，他們迫切需要製造一個能出現在全國電視台晚間新聞裡的事件。可是沃克只找到22個願意參加示威的人。遊行本來計劃在下午兩點半開始，他們一直等到四點。這時候街頭倒是真來了上千人，可那些人不是來遊行而是下班路過來圍觀的。

這些處於劣勢地位的人被暢銷書作家葛拉威爾在其2013年的《以小勝大》中稱為「underdogs」。我的第一反應，「underdog」應該對應中文的「屌絲」。不過「屌絲」（編注：類似台灣的魯蛇）似乎還有精神上被人嘲笑的意味，而「underdog」僅僅強調這個人在實力對比上處於劣勢，雖然處於劣勢，他們還在繼續戰鬥而沒有退出。聯想到驍騎校（編注：中國網路小說家）的網路小說《匹夫的逆襲》，似乎可以用「匹夫」這個更中性的說法。不過即便你認為屌絲是應該被嘲笑的，「underdog」也值得譯為「屌絲」，因為他們使用的一些手段的確上不了檯面。

如果你是一介匹夫，你打算怎麼跟巨人競爭？用龜兔賽跑的精神在別人睡覺的時候繼續努力嗎？如果別人根本不睡覺呢？難道你唯一能做的就是「向前跑／迎著冷眼和嘲笑」？

我們知道馬丁・路德・金恩他們最後贏了。而失讀症患者中有很多人長大以後取得重大成就，成為著名律師和CEO。寇恩成功拿到了那個交易員職位，而且他現在是高盛公司的主席和COO。至於那個籃球教練拉納戴夫，他的球隊真的拿到了全國冠軍，而且經常在比賽中讓對手一分都得不到。如同小男孩大衛戰勝了巨人歌利亞一樣，此書中的匹夫們全部逆襲成功。

葛拉威爾說，想要戰勝歌利亞，關鍵在於兩點：

1. 你要知道你的不利條件，在某些情況下可能是你的有利條件；而巨人的所謂有利條件，在某些情況下可能是他的不利條件。
2. 你絕對不能按照對手的打法去跟他玩，你有時候得使用非常規手段。

拉納戴夫注意到兩條有意思的籃球比賽規則：一方進球

後，另一方必須在5秒之內從底線把球發出；在己方半場拿球後必須在10秒內把球運過中線。可是當他看比賽的時候，他發現沒人去主動利用這兩條規則，感覺就好像其中有陰謀一樣。總是一方進攻之後就主動撤回到自己的半場去防守，放另一方從容不迫地拿著球過來進攻。直接放棄75%的場地！如果對手是身高體大技術好的強隊，這等於給人送分。他認為自己絕對不能這麼打，必須從前場就開始搶球，全場緊逼去迫使對手超時犯規。

事實證明，在比賽中拉納戴夫的壓迫式打法才是取勝王道①。她們打得對手根本過不了半場，球基本上一直在對方的籃框之下，以致於她們根本不需要學習遠投。她們打出來的比分都是4：0、6：0、8：0、12：0這樣的。關鍵在於，不會打球這個弱點恰恰是拉納戴夫球隊的優勢所在：因為但凡會打球的人都不屑於使用這種打法！對手、觀眾，甚至裁判都對拉納戴夫的打法非常憤慨，認為這對孩子們提高球技完全無益。有一次對方教練差點在停車場揍他。不過這些準備長大以後搞高科技的孩子顯然根本不想通過比賽提升自己的籃球專業水平，更不打算為籃球運動的健康發展負責。

有人曾經做過一個實驗，讓受試者做「認知反應測試（CRT）」，這些題目中有些陷阱，一不留神就會答錯。實驗發現如果把測試試卷印得很難看，比如字非常小，讀起來很困難的情況下，受試者反而能進行更多的思考，成績反而更高！失讀症患者閱讀的時候，就有點這個意思。因為讀得慢，他們

被迫要深入思考。從這個意義上說失讀症反而成了一種「值得想要的困難」：他們的記憶力都很好，能用最小的閱讀量把一件事搞明白，很善於抓住本質和要點，而且還能給別人解釋清楚。這就是為什麼失讀症患者裡面常出人才。

但是寇恩還有一個一般失讀症患者可能沒有的競爭優勢：他善於假裝，因為他從小就裝小丑。在計程車上他成功地讓那人相信他瞭解期權的所有知識。他獲得了面試機會。本來他的閱讀速度是每6小時讀22頁，在接下來不到一週的時間內，他卻讀了一本講期權的經典著作，通過面試，然後立即上班。他一個詞一個詞地讀那本書，確保自己完全理解了一句話再讀下一句。結果上班第一天，他就開始告訴別人該買哪個賣哪個期權了。

那次圍觀者遠遠多於參加者的示威遊行結束後，沃克開啟報紙，他收到了一個驚喜。報紙說有1,100位示威者——記者居然把那些圍觀的黑人也當成了示威者！沃克和金恩的計劃得以展開，他們的下一個目標是製造一場跟警方的衝突。他們動員中學生曠課到公園參加示威，其中一個辦法是讓當地最著名的黑人DJ跟電台聽眾說公園裡會有一個大晚會。這個行動遭到了各方的一致譴責，連紐約時報都認為不應該讓孩子冒險。結果行動當天超過600位學生被捕。當晚監獄裡每七八十個孩子被關在一個通常關八個人的監舍，而且別忘了這可是全美國黑人處境最差的城市！但是金恩告訴家長們別擔心：「監獄可以幫你擺脫日常生活的壞影響。如果他們想讀書，裡面還有書

可以讀。我總是在每次進監獄的時候跟上讀書進度。」

第二天又有1,500位學生曠課加入示威。警方如臨大敵，他們不得不帶上高壓水槍和警犬來震懾這些學生，因為監獄裡已經沒地方了。沃克希望警察真能開啟水槍，他需要這個效果。對峙過程中警方說你們再前進一步我們就開水槍。孩子們繼續前進，然後他們就真的被高壓水柱擊中。沃克指揮學生從其他方向突破封鎖，警察手裡的水槍不夠用了，局面開始失控。這時候，一條警犬撲向一個黑人學生。這個學生不是示威者，他是剛剛放學過來圍觀的，他的家庭甚至根本就不支持金恩。警察拉住了警犬，這個學生也本能地踢了警犬的下巴——據說他還把警犬踢傷了——他本人安然無恙。

但是警犬撲向黑人孩子這個轉瞬即逝的鏡頭被在場記者抓拍了下來。照片中警犬很凶猛，警察戴個墨鏡很冷酷，而孩子的表情卻很平靜，就好像連害怕的意識都沒有了一樣，給人感覺是「我的命就在這裡，你想拿就拿去吧」。沃克等的就是這張照片！

第二天，照片上了所有主要報紙的頭版，各界強烈譴責警察，甘迺迪總統深表震驚，國務卿說這簡直是親者痛仇者快。民權運動從低谷一下子達到高潮。沃克和金恩喜不自勝，但這不妨礙他們在公開場合表現出痛心疾首的樣子。

一年以後，民權法案獲得國會通過。

　　今天，我們看到這張著名的照片仍然能感受到它的衝擊力。警犬攻擊孩子！可是如果你仔細看，背景中的幾個黑人情緒都相當穩定，其實他們也都不是來抗議而是來圍觀的。美國絕對有黑人曾經被狗咬過，黑人有必伸之理，但這次真不是那麼回事。整個事件簡直就是大V（編注：粉絲很多的人）和公知（編注：公共知識份子）造謠。可是不這麼辦金恩又能怎麼辦？在強大的國家機器和沉默的民眾面前任何大V都只不過是屌絲而已。黑人一無所有，連金恩的動員能力看起來都相當有限，這是極大的劣勢，整個就是一個讓人欺負慣了的群體。但正因為如此，照片上孩子那一副讓人欺負慣了一樣的表情才顯得特別可信，民權運動才能獲得媒體的同情和大力支持。劣勢

在這種情況下，就是優勢。

　　尼采說：「凡不能毀滅我的，必使我強大。」我們可以從《以小勝大》這本書裡給尼采的名言找個統計支持。單親家庭的孩子因為缺少家長的監管，往往不能養成良好習慣，自控力比較差。可是如果你去考察那些能夠進入《大英百科全書》的歷史名人的身世，會發現其中有1/4的人在10歲以前失去了父母雙親中的一位。在15歲以前，單親比例是34.5%，20歲以前是45%。英國首相和美國總統也有遠超於正常人的比例在其很年輕的時候就失去一個家長。所以單親家庭對普通人來說是個巨大的困難，可是對那些沒有被這個困難擊倒的人來說，他們不得不更早地自立而且也真的自立了，他們反而因此而變得更強大。

　　劣勢的好處還包括精神上的。二戰期間德軍對倫敦進行大轟炸，英國政府非常擔心倫敦市民可能會因為恐慌而逃離城市。可是轟炸真的來了，而且在造成極大的人員損失之後，政府驚奇地發現人們不但不恐慌，反而非常淡定，甚至是這邊空襲警報響著那邊老百姓該幹啥幹啥。不但如此，後人研究轟炸期間倫敦人寫的日記，發現他們簡直是愛上了轟炸！他們產生了一種你怎麼炸都炸不死我，我是不可戰勝的興奮情緒！這個效應是普遍的，民權運動中有個黑人領導者，費雷德‧舒特爾斯沃（Fred Shuttlesworth），屢次遭到三K黨襲擊，結果每一次躲過襲擊之後他的勇氣都會再升一級，他最後無所畏懼甚至獲得了一種宗教領袖般的氣質。那些刺殺他的人簡直就是來給

他送經驗值的。

　　困境不可怕，優勢也不見得都好。一所比較好的大學和一所頂尖大學同時錄取了你，你應該選擇哪個呢？一般人可能立即說當然要去頂尖大學，去好大學可以獲得好的教育，而去頂尖大學在教育之外更能獲得名望。但對很多人來說去頂尖大學未必是個好主意。同學之中高手如雲！也許在別的任何一個地方你都能取得不錯的成績並順利畢業，獲得自己理想中的科學家職位。但是在這裡你很容易喪失自信甚至最後根本畢不了業。有些本來想在哈佛學物理的人一看物理系牛人實在太牛，乾脆轉到法學院去學法律，學的還是稅法——哈佛把物理學家變成律師。最關鍵的是，有人統計各大學經濟系研究生畢業後的論文發表情況，發現在頂尖大學排在班級最前列的學生畢業6年內平均發表6篇論文；排在四五名的學生平均發表一篇論文，而排在中等及以下的學生則一篇都沒有。對比之下，普通大學排在班級最前列的學生卻也能確保至少一篇論文。雞首，勝於牛後。

　　既然優勢和劣勢可以互相轉化，我們就不應該一味地追求加強某一方面的優勢，正所謂過猶不及。葛拉威爾《以小勝大》提出一個叫做「倒U曲線」的概念。意思都是一樣的：在一個東西成長的初期，你每增加一點投入都能獲得一點回報；然後它會進入一個平台期，繼續增加投入並不能獲得更多的回報；而過了平台期再投入，回報反而是負的（見下圖）。

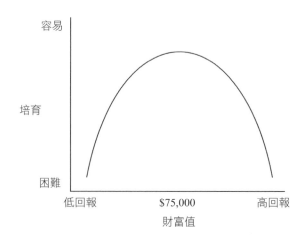

一個家庭的財富與對孩子的教育的關係就是如此。有研究表明，在家庭收入達到75,000美元之前，錢越多對孩子越有好處；此後更多的財富對孩子的教育就沒有好處了，超過一定限度以後再多，反而有害。班級人數與學生成績之間也有類似的關係。人們普遍崇尚小班授課，已開發國家花了很多錢來增加老師配備和減少班級人數。但是研究發現最理想的班級人數應該在18～24人之間。一個班裡的學生太多，老師的工作量就會太大而照顧不到每一個學生；可是如果學生太少，你就不能在課堂討論中獲得充分的不同的聲音，更可怕的是學生們將會對彼此特別熟悉，就好像兄弟姐妹一樣打鬧。

不但「強大」並不總值得刻意追求，那些已經非常強大的力量，也未必值得畏懼。行使力量，也存在一個倒U曲線。並不是說你投入的警察越多，抓的罪犯越多，治安就會越好。事實上，如果一個地區被抓起來的人數超過一定比例，這個地區

的人就會把警察和法律視為敵人，因為你把別人的家人都抓起來了。類似地，對犯罪懲罰的力度也不是越高越好，過長的刑期並不利於減少犯罪率。

　　葛拉威爾可能是史上最成功的商業暢銷書作家。他過去的幾本書，《引爆趨勢》、《決斷2秒間》、《異類》全都取得了巨大的影響力，其中《引爆趨勢》甚至還是被學術界引用次數最多的暢銷書。葛拉威爾寫的不是小說，但他借鑑了文學手法，把學術研究成果穿插在巧妙的敘事之中。這個本事使得他每一本書的收入都達到幾百萬美元，據說他一場演講的出場費都要十萬美元。商業上如此成功，難免會受到某些嚴肅讀者的鄙視。一個最顯然的批評是你這理論夠嚴謹嗎？它能有多大的通用意義？

　　這很難說。什麼叫匹夫，什麼叫巨人，什麼手段才叫非常規手段，這些都不可能找到通用的嚴格定義，所以這根本就不可能是一個學術理論。另一方面，作者的小說筆法也有點不太厚道。我此前完全不瞭解民權運動，看罷此書我的印象就是那張照片是整個民權運動的最重要轉折點，甚至可以說成功是靠金恩忽悠出來的。然而在寫這篇文章期間我偶然翻看一期時代週刊，發現1963年伯明罕市真正的大事是照片事件四個月之後在同樣的地點的一起白人至上主義者製造的爆炸案。四個黑人孩子被炸死。這個事件的重要程度肯定遠勝於一張照片，伯明罕今年剛剛紀念了該爆炸案50週年。而作者對其隻字未提。所以我們把此書當成寓言看也就可以了。

不過書中也不乏有學術味道的證據支持。比如說一個大國和一個小國交戰，在大國人口至少比小國多10倍的情況下，你認為大國獲勝的機率是多少？政治學家托夫特（Ivan Arreguín-Toft）統計的結果是僅有71.5%。而如果這個小國不按照大國的打法打，而採用非常規或者游擊隊戰術的話，其勝率會從28.5%升到63.6%。

毛澤東如果看到這本書，他大概也會喜歡。他一定會說這書裡講的就是辯證法，沒準還會要求大家學習。與國民黨正規軍相比，紅軍和八路軍應該算游擊隊吧，卻可以打勝仗。其實游擊隊戰勝正規軍絕非中國所獨有，美國就是靠游擊隊打贏了獨立戰爭。在戰爭初期美國一直採取游擊隊戰術，局面很不錯；喬治·華盛頓突然想建立一支英國式的軍隊，這支軍隊建立起來之後就連續失敗。類似地，法國打越南，越南游擊隊一直贏法國，一直到1951年越南決定使用正規軍，使用法國打法跟法國打，立即遭遇慘敗。

理論上，所有的匹夫球隊都應該採用拉納戴夫的屌絲打法。因為這是你贏球的唯一機會。可是為什麼絕大多數球隊沒有這麼打呢？因為這種打法很難受，毫無樂趣，還有輿論壓力。只有那種絕望了但是還不想死的匹夫，才採用這種打法。

葛拉威爾說，一般有創造性的人物，都要有點特立獨行（disagreeableness）的氣質：你要敢於做一些社會上通常認為不應該做的事。你不是去適應這個社會，而是讓這個社會去適應你。他們追求取勝，他們根本不追求別人的喜歡。

　　維護現有的社會格局和強調遵守遊戲規則，那是高富帥的事。而改變規則則是屌絲的特權。

---

① 所有經常看籃球的讀者讀到這裡都會說職業比賽本來就常有壓迫式打法。但這是12歲女孩的比賽。

練習一萬小時成天才？

怎樣成為某一領域的頂尖高手？

現在所有人都知道一個標準答案：練習一萬小時。

「一萬小時」這個說法來自葛拉威爾（Malcolm Gladwell）的《異數》（*Outliers*）一書。此書的影響巨大[①]，它告訴我們天才不是天生的，是練出來的，而且要練習一萬小時。可是，如果一個年輕人想要把自己變成頂尖高手，光知道一個「一萬小時」的口號毫無意義。

各個領域需要的練習時間非常不同。成為頂尖高手的確需要長時間的練習。每天練3小時，完成一萬小時需要十年的時間，但這只是達到世界水平的最低要求。很多領域要求的訓練時間遠超過一萬小時，比如對音樂家而言，需要訓練15～25年才能達到世界級水平。而在某些領域內，如果一個人很有天賦而且訓練得當，他也能在非常短的時間內就成為頂尖高手。

強調練習的同時絕對不能否定天賦的重要性。對體育和音樂之類的項目來說，沒有天賦可能再怎麼練也沒用。一項2014年的最新研究[②]發現對音樂來說天賦比練習時間重要得多。一對基因相同的同卵雙胞胎的練習時間相差兩萬多個小時，但

是他們的音樂水平居然是一樣的。也許一個人最後的成就，不是練習加天賦，而是練習乘以天賦，一項是零最後結果就是零。

真正的關鍵根本就不是在訓練時間的長短，而是在訓練的方法。

練習，講究的並不是誰練得最苦，或者誰的心最「誠」。業餘愛好者自娛自樂式的練習和專業選手的訓練是兩個完全不同的概念。外行往往只看到專業選手是全職訓練的，而且練得挺苦，卻忽視了訓練方法的重要性。

壞消息是高水平訓練的成本很高。你需要一位掌握這個領域的先進知識的最好的教練，你需要一個有助於你提高能力的外部環境——這通常意味著加入一所好大學或者入選一個好的俱樂部，你要能忍受一點都不舒服的訓練方法，而且你需要投入非常多的訓練時間。

好消息是各個領域的不同訓練方法也都存在著一些共同特徵。這意味著哪怕我們並不是真的想成為世界冠軍，也可以借鑑一些世界冠軍的訓練方法來完善自我。比如我從來沒有爭奪諾貝爾文學獎的願望，但我也可以在業餘時間使用科學的練習手段來提高一點自己的寫作水平。

科學的練習方法並不是從天而降的神祕招式，它在一定程度上已經存在於我們的生活之中。它不是科學家的發明，而是科學家對各領域高手訓練方法的總結。人們一直在各個領域中不自覺地使用這些辦法。

在過去的二三十年內，心理學家們系統地調研了各行各業內的從新手、一般專家到世界級大師們的訓練方法，包括運動員、音樂家、西洋棋棋手、醫生、數學家、有超強記憶力者，等等，試圖發現其中的共性。他們的研究甚至細緻到精確記錄一所音樂學院的所有學生每天幹的每一件小事，統計他們做每件事所用的時間。他們調查這些學生的父母情況和家庭環境，並瞭解學生在來音樂學院以前的學習情況，比如從什麼時候開始練琴的。他們甚至要求這些學生做了一個星期的日記。科學家們把獲得的所有數據彙總在一起，與學生們的音樂水平對照，來尋找使那些音樂天才脫穎而出的關鍵因素。

現在，這項工作已經成熟了。2006年，一本九百多頁的論文合集，《劍橋專業知識與專家技能手冊》（*The Cambridge Handbook of Expertise and Expert Performance*）出版。此書彙總了多位心理學家的研究結果，系統地分析了各個領域內專家的訓練方法，並與神經科學及認知科學最新研究成果相結合，對這些方法的機制進行了科學的解釋。這是「怎樣練成天才」研究的一本里程碑式的學術著作，此書直接引領了後來的一系列暢銷書的出現，包括葛拉威爾的《異數》、柯文（Geoff Colvin）的《我比別人更認真》（*Talent is Overrated*）和科伊爾（Daniel Coyle）的《天才密碼》（*The Talent Code*），等等[③]。這個領域至今仍然在不斷進步，隨時都有新的理解和應用。

這套統一的練習方法，就是「刻意練習（deliberate practice）」。首次提出「刻意練習」這個概念的是佛羅里達大學

心理學家安德斯・埃里克森（K. Anders Ericsson）④，此後，不同研究者和作者對「刻意練習」的具體內容有各種解讀。這裡我把我所瞭解的內容綜合起來，去除一些不重要的，總結成以下四點：

1. 只在「學習區」練習；
2. 把要訓練的內容分成有針對性的小塊，對每一個小塊進行重複練習；
3. 在整個練習過程中，隨時能獲得有效的反饋；
4. 練習時注意力必須高度集中。

我們將逐一解釋它們的意思，但在此之前，我還想再說幾句練習的重要性。

許多人認為把困難的事業幹成，比如說解決科學難題，或者某個體育項目的騰飛，靠的是幹事業的人的某種「內在」品質。如果一個人取得了了不起的成就，比如說陳景潤（編注：中國數學家）在哥德巴赫想上的重大突破，媒體就喜歡把成功歸結於他的拚搏精神。成功的秘訣居然如此簡單，你要做的就是豁出去拼？以致於很多民間科學家誤以為科學研究的突破只要用足夠多的汗水就能換取到，而把大好的時光花費在自己根本不懂的項目上。

可是，如果是中國人怎麼幹都不成功的事業，比如說足球，媒體上就會出現一些需要更高文化程度才能理解的分析：把失敗歸結於中國人的素質，中國的整個體制，甚至是傳統文

化。這時候成功就變得複雜，為了能在世界盃上贏兩場球，居然需要整個中華民族進行一次反思？

我不太贊同這種凡事往特別簡單或者往特別複雜了說的思維。首先，幹事業不是靠拚命就行，不但證明數學定理不是拚命得出的，就連打仗也不是僅靠拚命就能取勝的。其次，幹事業就是幹事業：想去世界盃贏兩場球，你研究足球就可以了，沒必要先把官場文化和春秋以來的儒家思想都研究、批判和改造一遍。

中國學人還往往過分強調「功夫在詩外」這句陸游的名言，認為提升綜合素質是一個人成為任何領域高手的關鍵。殊不知這句話是陸游在八十四歲時說的，而且其原詩的前兩句明確指出「我初學詩日，但欲工藻繪」！我曾經多次看到報導說前總理問計於某位德高望重的老科學家，說怎麼才能提高我國的科學教育水平。老科學家說應該注重藝術修養教育，比如音樂。另有更多人建議應該學哲學，因為「哲學指導科學」。的確有些科學家喜歡音樂，也的確有些科學家談論哲學，可是你有什麼統計數據能證明音樂，哲學與搞科研好壞的關係？這是典型的從名人傳記裡悟出來，而不是科學地調研出來的道理。

如果你想成為一個科學家，你就應該好好學習基礎知識，掌握基本技能，比如算算微積分，寫寫電腦程序，然後儘快找到一個好的導師，在他的指導下，從學徒開始做，做真正的科學研究。如果有一個人，認為搞科研「功夫在詩外」，一天到晚研讀牛頓等古代科學家的傳記，給古今中外的科學家搞排行榜，在博客上寫好多科學家的趣聞軼事，跟偽科學和民間科學

家作鬥爭，甚至希望通過研讀西方近代哲學和中國古代哲學，提升自己的人文素養這樣的辦法去學習搞科研，那就是緣木求魚了。

真正提升我們水平的不是文化，不是藝術，不是哲學，不是制度，不是自虐，而是刻意練習。

訓練方法是在不斷進步的。比如作曲，假設一名普通學生使用普通訓練方法6年所能達到的水平，另一個學生使用新的訓練方法3年就能達到，那麼我們可以說這個新訓練方法的「有效指數」是200%。有人研究得出，莫扎特的訓練的有效指數是130%。而20世紀的天才們也許沒有莫扎特有名，但其訓練水平都能達到300%到500%！13世紀的哲學家羅吉爾・培根曾經認為任何人都不可能用少於30年的時間掌握數學，而現在的學生十幾歲的時候就已經學到了許多數學知識，因為教學方法進步了。事實上，我們今天的所有領域都比過去做得更好，體育界的世界紀錄被不斷打破，藝術家們的技巧也是過去的人們根本無法想像的。查理・蒙格有句話說得好：人類社會只有發明了「發明的方法」之後才能快速發展——這裡我們也可以說，我們只有學習了「學習的方法」之後才能快速進步。

訓練方法的重要性的另一個體現是「天才」的扎堆出現。比如有一段時期俄羅斯對女子網球，韓國對女子曲棍球，更不必說中國對桌球，擁有絕對優勢。難道別的國家的人就天生不適合從事這些項目嗎？其根本原因在於這些國家已經掌握了一套科學的訓練方法，而且該國能找到足夠多的人來接受這種訓練方法，以致於可以批量生產優秀運動員。

　　更進一步，哪怕你這個國家並不擅長這個項目，只要有一名教練掌握了科學訓練法，他就可以帶出頂尖高手。比如中國並不是花式溜冰的傳統強國，而這項運動甚至根本就沒有群眾基礎。相比之下，美國的很多孩子從小就學，而且是父母花錢請教練讓孩子學。然而中國卻出現了申雪、趙宏博、龐清、佟健這樣的世界頂級高手，他們在奧運會上摘金奪銀。這在相當大的程度上，是教練姚濱一人之功。

　　姚濱二十世紀八十年代初作為運動員代表中國參加冬奧會，因為他做的動作完全脫離主流，竟然把外國選手都給看樂了——中國連花滑的門都沒摸著。你根本沒有這個土壤！可是姚濱不信什麼土壤，他只信科學訓練。他在沒有外國花滑教材的時候竟然自己從體育理論和實踐中摸索出了一套訓練手段，甚至從編舞到音樂到運動員服裝都自己設計製作，最終竟帶出了世界冠軍。

　　想要成為某一領域的頂尖高手，關鍵在於「刻意」地在這個領域內，練習。

1. 只在「學習區」練習

　　科學家們考察花式溜冰運動員的訓練，發現在同樣的練習時間內，普通的運動員更喜歡練自己早已掌握了的動作，而頂尖運動員則更多地練習各種高難度的跳躍動作；普通愛好者打高爾夫球純粹是為了享受打球的過程，而職業運動員則在各種極端不舒服的位置打不好打的球。真正的練習不是為了完成運動量，練習的精髓是要持續地做自己做不好的事。

　　心理學家把人的知識和技能分為層層嵌套的三個圓形區域：最內一層是「舒適區」，是我們已經熟練掌握的各種技能；最外一層是「恐慌區」，是我們暫時無法學會的技能，二者中間則是「學習區」。

　　比如說，我們看一本書，如果這本書所說的內容都是我們所熟悉的，完全符合我們已有的觀念，這本書就在我們的舒適區內，但如果這本書說的內容與我們原有的觀念不符，但是我們思考之後仍然能夠理解接受，那麼這本書就在我們的學習區內。如果這本書我們根本就理解不了，那麼就是在恐慌區。

　　有效的練習任務必須在受訓者的學習區內進行，它具有高度的針對性。訓練者必須隨時瞭解自己最需要改進的地方。一旦已經學會了某個東西，就不應該繼續在上面花時間，應該立即轉入下一個困難點。

　　在舒適區做事，叫生活；在學習區做事，才叫練習。

　　持續進步的關鍵就是持續地在「學習區」做事。為什麼大多數童星長大以後就不行了？這並不是因為小時候練得太累把他們練「廢」了，而是因為早期實在太輝煌，而輝煌會把人的思想留住。而更重要的原因在於童星們早早地就獲得了一個足以取得驕人成績的「舒適區」，這個舒適區裡面的技能是他們揚名立萬的資本，是他們的競爭優勢。沒有人願意放棄自己的優勢項目，這就嚴重阻礙了他對新技能的學習，並逐漸喪失競爭力。成年人的競爭需要的是新的技能。搞科研跟參加數學競賽是兩碼事，演中年女人跟演小女孩是不同的表演，成人職業足球跟青少年業餘足球是兩種踢法！

　　只在學習區練習，這很難。學校裡的教學往往是幾十人按照相同的進度學習知識，這種學習是沒有針對性的。同樣的內容，對某些同學來說是舒適區，根本無須再練，而對某些學生則是恐慌區。科學教學必須因材施教，小班學習，甚至是一對一的傳授。真正的訓練與其說是老師教學生，不如說是師傅帶學徒。

　　所有人都想挑戰自我，但在實際生活中，人們主要的精力都被放在一些駕輕就熟的事情上。就算有充分的條件離開舒適區，人們也會不由自主地待在那裡。年齡越大的人群中，人和人的思想差別就越大。任何一個看過華萊士（Mike Wallace）「談笑風生」節目的人都會對這位八九十歲的老人言語中的機鋒所折服，而有些人到了八十歲智力就退化到了8歲。這就是不斷學習的重要性。

　　假設有一個人，他無比嚴格地執行「要待在學習區」這個教條，從小到大不停地進步，他會是一種什麼狀態呢？答案是他會變成老虎伍茲。

　　伍茲揮杆。動作已經開始了。這時候比賽現場突然有異動。比如說有個觀眾大聲喊叫，或者有人突然跑出來。總之這個異動將會干擾伍茲的動作。伍茲會把做到一半的動作生生停住！然後調整姿勢，重新開始。普通觀眾看到這個場面也許沒什麼，而會打高爾夫球的人看到之後，用單田芳的話說，就是「無不驚駭」！

　　當我們把一件事練熟以後，我們會把這件事「自動化」。比如開車，不會開車的人需要注意力高度集中，而開熟了的人

基本上可以一邊打電話一邊開。甚至你問他怎麼開的，他都說不清楚。開車這件事已經進入他的舒適區。普通人打高爾夫球也會產生「自動化」，他們揮杆之後就失去了對球杆的控制──除非半途有人干擾，然後他們就會把球打飛，或者根本打不到球。打得越多，這種「自動化」現象就會越嚴重。而真正的職業高手，絕對不允許自己「自動化」。那麼，他們如何做到不「自動化」？因為他們沒有舒適區！一旦他們發現自己對這一項技術的掌握已經可以了，他們就會立即進入下一項更難的項目。他們絕不會在一個已經被自己證明是簡單的項目上繼續訓練，這也有效地避免了「自動化」的產生。他們的訓練永遠追求更高的難度。一定程度的「自動化」非常有用，我們不可能每做一個動作都有意識地給每個關節、每塊肌肉安排任務，但是「自動化」到不管不顧地執行則是錯誤的。

中超江蘇舜天隊前主教練德拉甘曾經在一次記者採訪[5]中提到，中國球員「看問題都只會看直線，懂得曲線思考的幾乎沒有」──我看過太多球員在機械地練習下底傳中，結果到了聯賽裡，很多球員不管隊友身邊站了多少防守隊員，也不往旁邊看一眼，直接就按照習慣一踢，傳丟一次不算，還會接連犯同樣的錯誤。

中國這種訓練足球的辦法把運動員給練廢了。如果是老虎伍茲，他一定會從易到難，針對禁區裡不同的情況練習不同的下底傳中，或者別的處理辦法。而中國球員只會一種下底傳中。這種傳中方法顯然早就已經是運動員的舒適區，可是他還

在練！他可能已經能夠完成非常準確的傳中球，只不過這種機械化的準確就如同有的民間運動員專門練習在無人防守的情況下遠距離投籃一樣沒用。這就是為什麼德拉甘在同一篇訪談中說：「過於追求單個技術動作的準確性是我看到的最不可取的方式。」

　　我們經常聽說這樣的民間傳說，說有一個學生，他對課本的掌握已經到了這樣的程度，你隨便說一個東西，他都能告訴你在課本的哪一頁。請問這個學生學得怎樣？答案是他已經練「廢」了。一旦你會了，就趕緊進入下一關。把這一關的攻略倒背如流沒有任何意義。我國的高考制度其實是鼓勵學生自動化，因為考題的難度有上限，一個「好學生」反覆練習的結果就是對解題的「自動化」。他本該把時間用到學習更高級的東西上去。

　　你的舒適區已經給你帶來了多大的榮譽，留在這個舒適區就有多大的誘惑。我經常在微博上看那些著名的「公共知識分子」（簡稱「公知」）的發言。如果你初上微博，你會覺得他們說的話非常有特點，有時候簡直是真知灼見。但是時間長了以後，你就慢慢發現他們說來說去永遠都是那一套。我甚至覺得如果這幫人突然消失了，別人完全可以編寫一個機器人程序替他們發微博。世界上的新聞每天都不一樣，但是他們對這些新聞的解讀和評論永遠不變，他們的發言有高度的可預測性。他們的思想死在了舒適區。

　　脫離舒適區，需要強大的意志力，甚至是一種修練。巴菲

特很早就已經通過股票獲得了巨大財富，但是八十多歲仍然在不斷學習新東西，因為他知道能讓他過去賺錢的知識未必能讓他現在繼續賺錢。不斷更新的知識使得巴菲特敢買中石油和比亞迪這樣的他原本不熟悉的企業的股票。對另一些人來說，脫離舒適區本身就是一個很好的生活目的。馬克・扎克伯格作為臉書（Facebook）的創始人和ICEO，可能是現在世界上最年輕的富豪之一。他唯一的任務就是把臉書做好，從這個角度看，他目前似乎沒必要不斷挑戰新領域，但是他仍然害怕留在舒適區。扎克伯格的做法是每年給自己設定一個新目標來測試自己的自制力。這些目標跟公司的運營沒有什麼關係，簡直純粹是為了挑戰而挑戰：2009年是每個工作日戴領帶，2010年是學習中文，2011年是只吃自己殺死的動物，2012年是重新開始寫代碼，2013年是每天認識一個新朋友，2014年是每天寫個表示感謝的便條。

所以，世界上有一幫人，他們一天不進步就難受。

賈伯斯臨死之前，華爾街日報記者莫斯伯格（Walt Mossberg）曾經採訪過他一次。那個時候，全世界包括賈伯斯本人，都知道他很快就要死了。這時候的賈伯斯是個什麼狀態呢？莫斯伯格寫道⑥：

在進行了肝移植手術後，儘管仍在家中靜養，但我依然受邀前往他的家中。儘管我很擔心他的身體，但在他的堅持下，我們還是走向了附近的公園。

他解釋道，他每天都會出來走走，而且**每天都會給自己制**

定一個更遠的目標，今天的目標就是附近的公園。我們邊走邊談，他突然停了下來，看起來情況不妙。我懇求他回家，還特意告訴他，我不懂心肺復甦，因此第二天的報紙上可能會有這樣的標題：《無助的記者導致史蒂夫‧賈伯斯命喪街頭》。

但他卻笑了，並拒絕了我的要求。

莫斯伯格說：「停了一會兒後，他繼續走向公園。」

2. 掌握套路

現在我們要說刻意練習的最關鍵部分了：基礎訓練。當一個運動員進行「基礎訓練」，或者一個學生學習「基礎知識」的時候，他到底練的是什麼，學的又是什麼呢？

是套路。

我們先來做個小實驗。請你在一分鐘內記住下面這十四個字，可以不分先後順序：

山州 吳男 十鉤 不收 帶兒 取關 何五

就算你真能記住，我也敢打賭第二天你就會忘記。可是如果我把這十四個字重新排列組合一下：

男兒何不帶吳鉤 收取關山五十州

你很可能一秒鐘就能記住。因為你早就知道這句詩！

　　人所掌握的知識和技能絕非是零散的訊息和隨意的動作，它們大多具有某種「結構」，這些「結構」就是套路。下棋用的定式，編程用的固定演算法，這些都是套路。

　　心理學研究認為人的工作能力主要依靠兩種記憶力：「短期工作記憶」（short term working memory，有時候也簡單地稱為「短期記憶」）和「長期工作記憶」（long term working memory）。短期工作記憶有點類似於電腦的記憶體，是指人腦在同一時刻能夠處理的事情的個數——一般來說，我們只能同時應付四個東西，多了就不行了。短期工作記憶與邏輯推理能力、創造性思維有關，換句話說，跟智商非常有關係，它很難通過訓練得到提高。

　　長期工作記憶存儲了我們的知識和技能。它有點類似於電腦硬碟，但比硬碟高級得多。關鍵在於，長期工作記憶並非是雜亂無章、隨便存儲的，它是以神經網路的形式運作，必須通過訓練才能存儲，而且具有高度的結構性。

　　心理學家把這種結構稱為「塊」（chunks）。比如，一場棋局在普通人眼裡就是一些看似雜亂擺放的棋子，而在職業棋手眼裡這些棋子卻是幾個一組分成了很多塊的，通過識別這些塊，職業棋手可以很容易地記住棋局，甚至同時跟多人對弈盲棋。更簡單地說，如果普通人看到的是一個個字母，職業棋手看到的就是單詞和段落！

　　人的技能，取決於這兩種工作記憶。專家做的事情，就是使用有限的短期工作記憶，去調動自己幾乎無限的長期工作記

憶。而刻意練習，就是在大腦中建立長期工作記憶的過程。

可以想像：一個只認識字母但不認識單詞，更看不懂段落的人，面對一本英文書會是個什麼情況。我在小時候曾經非常看不起死記硬背，有一段時間想要學圍棋，就總覺得背定式是個笨功夫，高手難道不應該根據場上局面隨機應變嗎？但事實是，隨機應變才是笨辦法。定式和成語典故、數學定理一樣，是人腦思維中的捷徑。在這種情況下如果他這麼走，我應該怎麼應對，如果他再那麼走，我又應該怎麼應對，這些計算如果每次遇到都現場算是算不完也算不好的，好在前人早就把各種可能性都算明白而且找到最優解了。在生活中跟人講道理，如果每次遇到類似的道理都重新推演一遍可能誰都做不到，現在有了成語和寓言，只要一句「唇亡齒寒」或者「酸葡萄」，任何受過最起碼教育的人都能立即理解你的意思。

兩種套路

對於腦力工作者來說，水平的高低關鍵要看掌握的套路的多少。所以，藝術家要采風，棋手要打譜，律師要學案例，政客要讀歷史，科學家要看論文。這些東西都需要記憶力。現在有了書籍和網路，人們已經不再直接追求記憶力了，但是在古代，記憶力幾乎就是一個人最重要的學術能力。至今，非洲的某些部落首領斷案的辦法，仍然是從自己滿腦子的諺語和俗語中找到一句適合當時情形的話，來讓雙方都滿意[7]。孔子說「不知詩，無以言」，一開口就往外冒名句的人在口語時代肯定是特別受尊敬的。據說所羅門王知道3,000條諺語。

以量取勝的套路通常是容易掌握的。今天知道個典故，過兩天寫文章用上，並不費什麼工夫。我上大學的時候出於某種今天看來並不可取的心理，希望能提前一年畢業，主動選了很多高年級甚至是研究生的課。這樣我必須在比較短的時間內把某些非物理類課程學完，而事實證明這完全可行，也許人人都能做到。我常用的做法是根本不管老師講課的進度，按自己的節奏直接看書突擊學習，有時候一下午就能學好幾章。我曾經用大概一週的時間分別學完了半學期的《線性代數》和《機率論》，而且還考了滿分。其實如果你仔細研究，這些課程裡的關鍵套路非常有限，而且邏輯性很強，只要看懂了就很容易掌握和使用[8]。

但是有些套路，比如那些非純腦力勞動的專業技能，想要掌握就沒那麼容易了。很多學理工科的人看不起學音樂的和搞體育的，但事實上，真正掌握像彈琴和競技體育的技巧比學會解微分方程要困難得多，因為其需要協調調動的肌肉和腦神經元實在太多了。別人用個什麼招式就算你全看到了而且看明白了，也不能立即學會。像這樣的技能，想要求「多」非常困難，因為掌握每一個套路都要付出大量的練習時間。

人腦到底是怎麼掌握一個技能的，我聽說過兩個理論[9]。一個比較主流的理論說這是神經元的作用。完成一個動作需要激發很多個神經元，如果這個動作被反覆做，那麼這些神經元就會被反覆地一起激發。而神經元有個特點，就是如果經常被一起激發，它們最終就會連在一起！用神經科學家卡拉（Carla Shatz）的話說，這就是「Neurons that fire together wire together.」[10]因為每個特定技能需要調動的神經元不同,不同技能在人的大腦中就形成了不同的網路結構。另有一個理論[11]則認為神經元的連接固然重要,但更重要的則是包裹在神經元伸出去的神經纖維(軸突)外面的一層髓磷脂組成的膜:髓鞘。如果我們把神經元想像成元器件,那麼神經纖維就是連接元器件的導線,而髓鞘則相當於包在導線外面的膠皮。這樣用膠皮把電線包起來防止電脈衝外洩,能夠使得訊號被傳輸地更強,更快,更準確。當我們正確地練習時,髓鞘就會越包越厚,每多一層都意味著更高的準確度和更快的速度。髓鞘,把小道變成高速公路。

不論是哪種理論,最後我們都可以得出這樣的結論:技能是人腦中的一種硬體結構,是「長」在人腦中的。這意味著如果你能開啟大腦,你會發現每個人腦中的神經網路結構都不一樣。技能很不容易獲得,一旦獲得了也很難抹掉。這顯然跟電腦完全不同:在電腦上你可以隨時安裝和卸載一個軟體,讓電腦掌握和忘記某種技能,而人腦卻不可能這麼輕易地複製訊息。所以像《駭客任務》電影中那樣直接往大腦裡下載一個操作直升機的技能,完了跳上一架直升機馬上就能開,是不符合人腦的特點的。另一方面,這也說明「練大腦」比「練身體」更容易取得大成就,因為大腦神經元連接是能變的!你再怎麼練也無法改變自己胳膊腿的結構,可是你可以讓自己大腦長出各種複雜多變的「網路形狀」來。

如此一來,高手與普通人就有了本質的區別。高手擁有長期訓練獲得的特殊神經腦結構,他的一舉一動可能都帶著不一

般氣質，連眼神都與眾不同，簡直是用特殊材料製成的人。練習，是對人體的改造。

用什麼方法才能迅速地把技能套路「長」在身上呢？關鍵在於兩點：

- 必須進行大量的重複訓練；
- 訓練必須有高度的針對性。

基本功

在體育和音樂訓練中，比較強調「分塊」練習。首先你要把整個動作或者整首曲子過一遍，然後把它分解為很多小塊，一塊一塊地反覆練習。在這種訓練中一定要慢，只有慢下來才能感知技能的內部結構，注意到自己的錯誤。《天才密碼》一書介紹，美國最好的一所音樂學校裡的一位老師甚至乾脆禁止學生把一支曲子聯貫地演奏。學生只能跟著她練分塊的小段。她規定如果別人聽出來你拉的是什麼曲子，那就說明你沒有正確地在練習！

你可能會認為這種分塊訓練只適合初學者練基本功，高手就應該專注於完整的比賽，但事實絕非如此。事實上，就連職業運動員的訓練也往往是針對特殊技術動作，而不是比賽本身。一個高水平的美式足球運動員只有1%的訓練時間是用於隊內比賽（一部分原因是怕受傷），其他的時間都是用於各種相關的基礎訓練。把特定動作練好，才能贏得比賽。2011

年，姚明擔任CBA比賽轉播解說期間，曾經透露過易建聯的一個訓練祕密[12]。那年夏天，人們注意到易建聯有一個「金雞獨立」的跳投動作非常像諾維斯基，而且命中率相當高。這個動作其實是他自己「加練」的結果，這種專門訓練比比賽還重要。姚明說：「阿聯夏天接受的針對性極強的專項訓練是他近兩年迅速提高的關鍵，我們的球員一直在比賽，其實真正應該做的就是像阿聯這樣進行有針對性的專項訓練。」

反過來說，如果不重視基本功訓練，在比賽中就會吃虧。2011年東亞錦標賽，中國男籃底氣十足地僅派出二隊參加，讓青年軍去跟日韓的正牌國家隊對陣，結果負於日本。中國隊的自信不是平白無故的，中國隊員的天賦很好，身體條件比對手強的不是一點半點。但是代理主教練李楠卻指出，中國隊員的基本功不行！「傳接球等基本技術相比日、韓、台灣等隊都存在差距。」[13]而造成這種局面的原因恰恰是以賽代練！記者梁希儀分析說，「這些隊員裡很多人十七八歲就進一隊打CBA了，每年比賽，主教練根本沒有時間再給球員摳基本技術，所以現在就造成了這樣的結果。」

磨刀不誤砍柴工，基本功就是這麼重要。不但體育和音樂需要練基本功，就連那些人們認為不存在基本功的領域，也要練基本功。

比如寫作。中國傳統的培養方法，一個作家的訓練就是讀小說，評論小說，然後一篇接一篇地寫完整的小說。除此之外大約就是要到各地體驗生活，因為「功夫在詩外」。問題在於，中國大學的中文系從來沒有成功地培養出一個像樣的作

家。面對這種局面，一般人馬上會得出結論：寫作靠的是天賦，作家不是培養出來的。但是美國大學是可以培養作家的，而且還培養了中國作家，比如哈金畢業於波士頓大學文學寫作專業，嚴歌苓畢業於哥倫比亞學院文學寫作系。《三聯生活週刊》曾經對美國翻譯家埃里克‧亞伯拉罕森有一個採訪[14]，亞伯拉罕森曾經翻譯過王小波的作品，對中國作家相當熟悉。採訪中有一段對話值得直接摘錄下來：

三聯生活週刊：你覺得中國當代作家們的寫作水平和英美一流作家相比有多大的差距？

亞伯拉罕森：我個人感覺在技巧上還存在一些差距，大部分中國作家幾乎從來沒有經過專業的寫作訓練。而在美國，專門的寫作課程非常多，內容也很成熟。我知道很多中國作家對這種寫作班非常不屑，覺得這種課程會帶來一身工匠氣，但這種寫作班至少能夠告訴你，如果你的小說寫到3/4時崩潰，你該怎麼辦。一個真正的藝術家（是）不會被教壞的。

作家應該怎麼培養呢？應該像訓練小提琴手和籃球運動員一樣練基本功。現在已經有很多中國大學開設了「創意寫作」（也就是英文說的「creative writing」）碩士課程，學美式的寫作訓練。這種課程非常強調把寫作也進行「分塊」練習。復旦大學早在2008年就開始引進創意寫作課，而且還請來了嚴歌苓的老師、哥倫比亞學院文學寫作系的系主任舒爾茨教授夫婦給研究生上課。中文系教授嚴峰旁聽了舒爾茨講的課，

很有感觸⑮：

　　第一課，舒爾茨教學生怎樣「聽」。他讓學生描述一個剛
才聽到的聲音，不斷追問下去：那個聲音是什麼顏色，什麼形
狀，什麼質感，給人什麼聯想？

　　這是文學嗎？聽著聽著，我突然有點明白了。舒爾茨教的
是文學最物質化、最技術性的層面，就像我以前上吉他課時，
老師讓我們每天做的手指體操，俗話說的「爬格子」。也像
鋼琴課老師讓我們彈的「哈農」，極其枯燥單調乏味的手指練
習。這些本身毫無藝術性可言的練習曲，卻是通向藝術自由的
必經之路。

重複！重複！再重複！

　　想要把一個動作套路，一個技能，哪怕僅僅是一個生活習
慣，甚至是一種心態，「長」在大腦之中，唯一的辦法是不斷
重複。

　　我到美國還在讀研究生的時候，有鑒於做物理需要經常作
報告，導師出錢讓我去學習了一陣子口語。我的口語老師叫
Antonia Johnson，第一次去這個口語班的經歷完全出乎了我的
預料。她居然在兩個助手的幫助下，使用看上去很專業的錄音
設備，用兩個小時的時間對我進行了一次語音診斷。我被要求
使用不同的音調和音量（最後是扯著嗓子持續大喊一個聲音看
看能堅持多少秒），讀了很多完全沒有意義的句子，其中包括
一些根本不存在的單詞。第二次去的時候她發給我一份診斷報

告，所有我讀得不準確的英語發音都被標記了出來，這使得此後的訓練非常具有針對性。在後來的訓練中我們模擬了各種情境下的對話，包括一般閒聊和正式演講，為了練習在電話中的發音，我每週得給她打電話。

可惜我未能堅持苦練，以致於到現在英文說得也不怎麼樣。但我要說的最有意思的還不是我的訓練，而是這位Johnson老師的故事。作為一個專門教人說標準英語的老師，她本人居然曾經是一名口吃者！我曾經聽說，口吃其實是一種心理疾病，要想根治必須改變一個人的情緒和處世態度。但Johnson 老師不這麼看，她認為關鍵在於練習。她通過練習根治了自己的口吃，拿到博士學位以後又專門幫助別人克服口吃，等到發現外國留學生這個大市場，又把業務徹底轉向了英語發音。好幾年以後，我偶遇到她，這時候她的口語公司已經做得很大了，雇了好幾個人，甚至有一個專門的程式設計師負責開發教學軟體。

也就是說，很多通常被認為是心理疾病的症狀是可以通過練習得到根治的。美劇《宅男行不行》（ *The Big Bang Theory* ）裡有個印度人拉傑（Raj）有恐女症，他在正常情況下不敢跟任何女生說話，這種症狀其實是存在的。即使是在美國，也有很多人不敢跟異性說話，看來這不僅僅是傳統文化的問題。加州有個「害羞診所」[16]，專門幫助那些不敢和異性說話的人克服害羞心理。這個診所的專家不相信心理暗示療法，他們相信練習。怎麼治療恐女症？他們的做法是設計各種不同難度的場合進行對話訓練。最初是在房間內讓學員們對話並進

行角色扮演，然後是讓學員直接跑到大街上找陌生美女搭訕或要求與之約會，最高的難度是讓學員有意地在公共場合做出使自己難堪的事情，比如去超市把一個西瓜摔壞。

這種把不常見的高難度事件重複化的辦法也是MBA課程的精髓。在商學院裡，一個學生每週都要面對大量真實發生過的商業案例，學生們首先自己研究怎麼決策，提出解決方案，最後由老師給出實際的結果並作點評。學習商業決策的最好辦法不是觀察老闆每個月做兩次決策，而是自己每週做20次模擬決策。軍事學院的模擬戰，飛行員在電腦上模擬各種罕見的空中險情，乃至邱吉爾對著鏡子練習演講，都是高效低成本的重複訓練。

反過來說，如果沒有這種事先的重複訓練，一個人面對不常見的事件時往往會不知所措。統計表明，工作多年的醫生通過讀X光片診斷罕見病症的水平反而不如剛畢業的醫學院學生，因為他們很少遇到這種病例，而在醫學院學到的東西也早就忘了。最好的辦法其實是定期地讓醫生們拿過去的舊X光片集中訓練，而不是期待在工作中碰到。

高度針對性

請允許我再反對一次「功夫在詩外」。如果你要從事創造性的活動，你得學會借鑑各個不同領域的東西，的確是「功夫在詩外」。但是人們經常濫用這句話，認為連學習，都要講「功夫在詩外」，這就完全錯了。對練習來說，你想要學什麼就應該練什麼，功夫就在功夫上。我們追求的就是把這個特殊

技能的特殊神經網路「長」在大腦之中，別的都不必管。

但「功夫在詩外」的影響力實在太大了，人們幾乎一聽說就會立即接受這個理論。曾經有個物理學家轉行做了神經學家，他做了個實驗，發現聽10分鐘莫扎特音樂可以讓一個人的智商測驗得分提高9分[17]。這個發現實在驚人，但又非常符合我們一貫的思維，誰不知道音樂對思考有好處？愛因斯坦不就喜歡拉小提琴嗎？我們沒想到的僅僅是這個效應居然如此厲害！智商提高9分啊！結果論文一發表立即引起轟動，媒體連篇累牘地報導，並且把這個效應正式命名為「莫扎特效應」（Mozart effect）。

然而事實卻是「莫扎特效應」根本不存在。沒人能重複這個實驗，在其他所有實驗中聽音樂對提高智商毫無幫助。然而這些後續的實驗研究因為缺乏轟動效應，只得到了非常少的媒體報導[18]，以致於今天你去圖書館和書店，仍然可以找到大量專門用來提高兒童智商的莫扎特音樂CD。最新的研究[19]更表明不但聽莫扎特CD沒用，就連專門的音樂培訓對提高詞彙和數理這些必備的智力認知能力都沒用。

一個類似的例子是「小小愛因斯坦」（Baby Einstein）系列多媒體產品。這是一個非常著名的教育品牌，如果在網上搜索，你會立即找到大量相關的視頻和產品訊息，開發者迪士尼公司聲稱看這個視頻有助於提高三個月到三歲孩子的認知能力。但是如果你搜索的是學術論文，你會發現所有研究都指出這些東西根本沒用！英文版維基百科列舉了1993年以來一系列針對小小愛因斯坦的研究[20]。有意思的是，當家長們得知這些

研究後竟然在2009年聯合起來把迪士尼公司告上了法庭，而且迪士尼就居然真的同意為所有在2004年到2009年間買過《小小愛因斯坦》DVD的家庭退款[21]！

聽CD看DVD沒用，研究表明做那些號稱能訓練大腦的軟體很可能也沒用[22]。打遊戲對人腦的認知能力可能有用[23]，但也有研究認為沒用[24]。不管是否真的有用，我們都可以想見就算有用其用處也不大。如果你想學好微積分，你最好的辦法是找本微積分習題集做，而不是用大腦訓練軟體去試圖先把大腦磨快一點再學微積分，那等於緣木求魚。

另一方面，如果針對性明確，那麼看似無用的訓練也可以很有用。2011年CBA比賽中張兆旭的進步明顯，原本身材薄弱、力量欠缺的他突然變強了。據解說嘉賓王仕鵬透露，這其實是張兆旭打拳擊的結果[25]。我們乾脆再一次引用姚明的話，他說「在NBA，球員練拳擊已經是非常普及的了，這除了可以幫助運動員提高自己的腳步移動，同時還可以幫助他提供上肢的力量……」

所以訓練必須要有針對性，否則就是浪費時間。必須一切從實戰出發，且有明確的每次訓練要完成的目標。

說到這裡我們可以對比一下自己在大學裡上過的那些課程。這些課程有針對性嗎？如果你的目標是當科學家，這些課程跟搞科研有關係嗎？我認為中國大學的多數理工科課程訓練都像以前中文系試圖培養作家一樣，非常不符合刻意練習的要求。

中國訓練學生搞科研的做法是不搞科研，搞「課」研。教

和學都以考試為核心，講的時候隨時總結知識點，考試之前還會畫下重點。人們把科學知識當成歷史典故之類的考試材料，而不知道這些知識其實是可以拿來用的，更不知道你的任務不是學這些知識而是創造新知識！在這種氛圍下，很多中國學生甚至喜歡評論課本，這本書寫得好，這個作者是牛人，陶醉在對課本的欣賞之中。我在美國上課沒見過任何一個老師讚美課本的，一線人物幾乎沒有人寫過課本，所有課本都只不過是工具書，其最終目的是為了科研這個結果。一切技術應該是為了科研服務，而不能讓期末考試喧賓奪主。

中國學生的另一個不好風氣是有一種追星意識，對學術明星的八卦故事特別感興趣，熱衷於一些江湖傳聞。有人看科學家傳記的時間比看論文的時間都長。這種做法就如同跟著《小小愛因斯坦》學怎麼變天才。每次有牛人到大學作報告，學生必然擠破頭，但是聽報告並不是搞科研！整天聽名人報告而不是盡可能早地參與到科研活動中去，就好比讓青年籃球隊整天看NBA錄像一樣，最後只能成為專業球迷而不能成為運動員。對比之下，美國學生對不是自己直接搞的領域可能不太瞭解，也可能不知道最近有哪個學術明星發了什麼文章，但他自己的小小領域內，他可能大二就開始實幹了。

搞科研的最好辦法是盡快找個實驗室進去跟著開幹。先做一些處理數據之類的打雜的事，給導師和師兄當個學徒，慢慢耳濡目染之下，自己就會知道怎麼做研究了。毛澤東說在戰爭中學習戰爭，解放軍很多高級將領文化程度一般，為什麼總能打勝仗，靠的就是在實踐中學習。學習知識不是為了考試，不

是為了耍酷，不是為了有談資，是為了用！對比之下，美國大學裡面的理工科課程就非常注重聯繫實際，在考試和作業之外特別強調做項目。一學期讓學生做好幾個有實戰意義的項目，追求學以致用，逼著學生為了完成項目而學習知識。這些項目往往需要學生組成小組合作完成，比如分工編程組裝一個機器人，其需要調用的知識並不限於課堂講過的，跟真正的科研沒什麼區別。

寧可發幾篇灌水小文章也比苦讀十年期待一鳴驚人強。不積跬步，無以成千里；小事不做一心就想玩個大的，不是專業的訓練方式。一提基礎科學，有人總說「板凳要坐十年冷」，這種思想完全不適合現代化科研體系。很多中國學者放著那麼多頂尖科學家不學，專門喜歡學特例，說懷爾斯證明費馬大定理期間就好多年沒有發論文，而真實情況卻是他也是發表了一些小論文的。坐了十年板凳的運動員，國家隊敢用嗎？馬俊仁當年是一般比賽不參加，專門參加奧運會世界盃一鳴驚人，結果人家懷疑你是不是服用禁藥啊。最後一旦有點小事整個隊伍居然崩潰了。這種做法現在已經被淘汰。正確的做法是像當初劉翔那樣有什麼大獎賽都去，追求一個穩定的成績。

想要掌握一項技能，要像運動員一樣，需要不停地練習實戰動作，不停地比賽，而不是不停地看錄像。

3. 隨時獲得反饋

王小波曾經有一篇文章《皇帝做習題》，說像寫程式和解幾何題這樣的事情，與我國古代文人寫文章出理論有一個本質

的區別，那就是前者做得對不對自己立即就可以知道。做幾何證明題甚至不需要對照標準答案，證明了就是證明了。而電腦編程其實是最容易自學的項目之一，寫出來的程序能不能正確運行，電腦立即就可以告訴你。

從刻意練習角度，這就是即時的反饋（immediate feedback）。在有即時反饋的情況下，一個人的進步速度非常之快，而且是實實在在的。如果沒有這種反饋，比如說在沒有網路的時代一個文學青年自己悶在家裡寫小說，投出去的稿子全都石沉大海，想要提高水平就很難了。最大的可能性，是他明明寫得很差，卻一心以為自己是個不得志的文學大師，如同王小波說的「像孟夫子那樣，養吾浩然正氣，然後覺得自己事事都對」。我們看到現在網路時代這種鬱悶的文學青年越來越少了，因為他們完全可以把小說發在網上接受批評，如果大家都不感興趣，那他就會明白的確不是主流編輯們在迫害他，而是自己真不行。

一定要有反饋

人在很多情況下會高估自己的知識。我們以為自己知道，其實不知道。如果一個學生把教科書裡的東西看過好多遍，每次看的時候都感覺看得很明白，他會認為已經掌握了，可是一旦考試就發現自己並沒有真正理解。其實把一本書看好多遍，只是讓我們對這個東西「熟悉」而已，而熟悉並不等於理解。想要真正理解，唯一的辦法是考試和測驗。這就是反饋！沒有測驗，你的知識只是幻覺。

自己對自己的看法，與別人對自己的看法，很可能會非常不同。「當局者迷，旁觀者清」我們需要一個旁觀者來指出我們自己注意不到的錯誤。

現代科研體制中公認的最重要的一條反饋措施，叫做「同儕審查」（peer review）。假如你有個科學發現，也寫好了論文，但不管你這個人的名氣有多大，編輯有多麼信任你，也不可能立即把你的論文發表出來。編輯一定會找到一個或者幾個跟你在同一領域的專家——這些專家的名氣可以不如你——讓他們先私下審查一下你的論文。他們會提出各種各樣的意見，從研究方法有問題到語法有問題等，什麼都管。審稿通常是匿名的，有時候審稿人提的意見實在無理，作者可能會感到非常惱火。

作為一個科研工作者，我既寫論文也給人審稿。我注意到一個非常有意思的現象：哪怕只有一個審稿人，雙方往來只有一次，也能讓一篇論文提高不少。仔細想想這其實有點奇怪，因為論文投出去之前作者往往已經修改了多次，而且通常是幾個作者合作，每個人都要反覆地看。可就是這樣，審稿人仍然能提出相當過硬的意見，讓你非得再修改不可。這是為什麼呢？因為研究者在做這個項目的時候，他已經被他的想法所吸引，陷在裡面，往往想的是「怎麼把這個項目早日做成」、「怎麼讓人接受我的想法」。如果你的一切思維都圍繞著「這麼做是對的」進行，就不會再去從別的角度看這個項目。而審稿人在拿到論文之前對這個項目一無所知，他沒有陷進去，反而能用更客觀的眼光去看問題。

再牛的科學家，也需要同儕審查，這就正如世界排名第一的網球運動員也需要教練一樣。反饋者不見得比你的水平高，關鍵是他們不是你，他們可以從你看不到的角度來看你。

立即反饋

科學家需要同儕審查的反饋，而培養一個科學家——或者培養任何人才——光有反饋還不行，反饋還要有「即時性」，要讓實踐者立即得到反饋意見。

葛拉威爾[26]出過一本書，Blink，中文譯為《決斷2秒間》。這本書說當面對一個很複雜的問題時，專家往往能夠在一眨眼之間就做出判斷和決定。這個決定的時間非常之短，我認為更合適的譯名應該叫《決斷毫秒間》。他們是怎麼做到的呢？

先說容易理解的技術，那就是通過模式識別，或者說通過尋找關鍵特徵，來做出快速判斷。一件事情給你的訊息也許是無比複雜的，但其中真正有用的也許就那麼幾項。專家要做的就是首先通過大量細緻的數據統計來發現這幾項有用的指標，以後就只看這些指標就行了。比如聽一對夫婦之間的交談15分鐘，專家就能判斷他們在未來的15年內會不會離婚。專家在這裡看的最重要的指標不是他們怎麼爭吵的，而是看他們是否蔑視對方。吵架不可怕，一旦出現一方蔑視另一方的情況，這婚姻就快完蛋了。另一個更令人震驚的技術是「讀心術」，其通過精確的分析人臉部的表情來判斷這個人心裡在想什麼，尤其是他是否在說謊。這個技術隨著前幾年美劇《謊言終結者》的

流行，已經不新鮮了。

但是葛拉威爾還說了另一種快速判斷。這種判斷有點神祕，其依賴「直覺」，往往是無意識的，他稱之為「薄片擷取」（thin-slicing）。葛拉威爾認為在做這種判斷的時候人體彷彿有一部無意識的超級電腦，在我們意識到之前就先替我們做好了正確的決定，而這台電腦是怎麼工作的我們不知道。比如，一個資深網球教練總能判斷出運動員什麼時候會雙發失誤，但是他自己也不知道自己是怎麼判斷的。

葛拉威爾的這本書後來受到了很多專家的批評。心理學家認為這種直覺判斷既不神祕，也不見得就比精心計算的判斷更好。在《快思慢想》中丹尼爾・康納曼說，專家的直覺只在某些特定領域才可能有效。什麼領域呢？必須符合兩條要求：

1. 你研究的東西所在的環境必須非常規範，以致於這個東西是可以預測的；
2. 通過長時間練習，人可以掌握這些規範。

康納曼說得有點繞口，希思兄弟（Chip Heath and Dan Heath）在另一本書《零偏見決斷法》（*Decisive*）中對這個問題總結得更好。他們調研了很多本書和相關研究，最後的結論是：直覺，只有在「環境友好」的狀態下才好使。所謂「環境友好」，就是其中有短期的反饋（short-term feedback）。比如，預測明天的天氣，第二天你就能知道結果[27]。急診室醫生對危急病人的快速搶救也是如此，能不能救過來馬上就知道。

只要有快速反饋，再經過長時間的訓練，你就能培養出專家的直覺，能夠「眨眼判斷」。

可是，如果反饋是中長期的，直覺就不好使了。我們可以再多想想這個問題。也許只有這樣的「環境友好」領域，也就是有快速反饋的領域，才能培養出真正的專家。

老師的作用

韓愈說「師者，所以傳道授業解惑也」。古代的私塾教育往往讓學員先背書，搞得好多小朋友會背但不會解釋，老師能不能解惑很關鍵。而現在的課本和各種輔導書極其全面，人們完全可以自學，聰明人更有很強的自學能力。那麼，現代的老師的最大作用是什麼呢？正是提供即時的反饋。世界上最好的高爾夫球球手，最好的西洋棋棋手，他們的比賽水平肯定超過自己的教練，可為什麼他們還要請教練？一個重要原因就是教練能在訓練中以旁觀者的身分提供即時的反饋。

一個動做作得好與不好，最好有教練隨時指出，本人必須能夠隨時瞭解練習結果。看不到結果的練習等於沒有練習：如果只是應付了事，你不但不會變好，而且會對好壞不再關心。在某種程度上，刻意練習是以錯誤為中心的練習。練習者必須要對錯誤極度敏感，一旦發現自己錯了就會感到非常不舒服，一直練習到改正為止。

從訓練的角度，一個真正好教練是什麼樣的？是應該經常跟隊員私下談心，能做好隊員的思想工作嗎？是能隨時發表激

情演說動員隊員的戰鬥熱情嗎？是能夠隨時給隊員提供反饋。約翰·伍登（John Wooden）是美國最具傳奇色彩的大學籃球教練，他曾經率領UCLA隊在12年內10次獲得NCAA冠軍。為了獲得伍登的執教秘訣，兩位心理學家曾經全程觀察他的訓練課，甚至記錄下了他給球員的每一條指令[28]。結果表明，在記錄的2,326條指令之中，6.9%是表揚，6.6%是不滿，而有75%是純粹的訊息，也就是做什麼動作和怎麼做。他最常見的辦法是三段論：演示一遍正確動作，表現一遍錯誤動作，再演示一遍正確動作。這樣的訓練就好比練武功，一招一式都需要有人隨時糾正，若不對則馬上改，以避免錯誤動作形成習慣動作。

與外行想像的不同，這位最好的教練從不發表什麼激情演說，甚至不講課，每次說話從不超過20秒。他只給學生非常具體的即時反饋。他要求所有訓練都事先進行無比詳細的計劃，甚至包括教運動員怎麼繫鞋帶。好教練，彷彿有一種詭異的知道學員在想什麼的能力，即使是第一次見面，也能指出學生在技術上最需要什麼。他們是絕對的因材施教，源源不斷地提供高度具有針對性的具體指導。

這種手把手的教法跟我們的現代化的學校教育格格不入。從小學到大學，我們的教育方式無不是老師站在講台上講，學生坐在下面聽，反饋僅僅出現在課堂提問、批改作業和考試之中。如果是幾百個人一起上課，就連這些有限的反饋也會被忽略。現在，很多大學把自己的課程錄像放在網上，讓世界各地的人隨便下載學習。這當然是非常難得的舉措，但這樣的學習方式缺乏反饋。

學徒制

我認為真正的人才不是靠課程、院系、考試大綱的設置培養出來的。培養人才的有效辦法只有一個，那就是學徒制。師父帶著徒弟參與一個實際的項目，徒弟在試錯中提高。不管是科研、工程還是藝術，都是如此。一個教育體制的關鍵不在於往學校裡投入多少錢，而在於其是否提供了足夠多、足夠好的動手機會。

學徒制的歷史比現代教育制度悠久得多，學任何一門手藝都得先當學徒。就是當代的工人進了工廠，也得先認個師父學一段時間。白領的工作，也得從實習做起。在文藝復興時期的佛羅倫斯，各種行業都有自己的行會，學徒制度就在行會系統中。有志於藝術的男孩從七歲起就要跟隨一個大師全職學徒5～10年。學徒們很早就直接參與第一手藝術創作，從打雜開始，到臨摹，到跟大師合作，再到獨立作品。

跟古代這種從小就開始當學徒，一旦選定了專業就一邊幹活一邊學的制度相比，現代教育系統這種把人摁在課堂上聽很多年課的做法其實是非常不科學的。一個好的教育系統應該讓學生幹什麼呢？至少應該做以下這些事情：

- 自己調研相關知識；
- 獨立或者跟人合作完成項目；
- 到相關企業實習，把知識用上；
- 寫論文。

　　然而現實情況卻是：一個老師要面對幾十甚至幾百個學生，學生們根本不可能獲得反饋，他們唯一能得到的反饋就是考試。不但如此，連考試也被進一步簡化，複雜的答題方式被減少，最後剩下的是一大堆選擇題，直接讓電腦給你反饋。大學畢業生工作以後往往會發現自己以前學的很多知識根本用不上，反而在工作中邊幹邊學了一些有用的東西，換句話說，他們這時候才開始了真正的教育，這個教育還是學徒制。可是我們反過來想，如果讓他從18歲就開始邊幹邊學，難道這些工作就做不了了嗎？如果早點實行學徒制，完全可以更快更好地培養人才[29]。

　　美國的基礎教育受到過很多批評，但美國的研究生制度卻毫無疑問是世界最好的。這個制度正是學徒制。導師的英文是「advisor」，這個詞放在學校以外是顧問的意思，比如「總統軍事顧問」導師允許學生有相當的獨立性，你原則上可以選擇自己喜愛的項目，而導師給你提供建議和隨時的反饋。研究生入手的項目不再是為了訓練，而是一上來直接就是真正的科研，以發表論文為目的。在這個階段，什麼知識學過什麼知識沒學過已經變得毫無意義，沒學過就立即去學，總之必須把這個東西做出來。研究生跟導師的互動並不總是令人愉快的，有時候導師不太願意給反饋，有些導師可能會給錯誤的反饋，但總體來說，學徒制遠遠超過其他任何制度。我國目前的研究生教育大體倣法美國，但面臨好導師太少的問題，往往是一個導師帶十幾個甚至幾十個研究生，這種「師徒比」，學徒是沒法

獲得足夠反饋的。

我們來看看貝爾實驗室的學徒制景象。這是一個偉大的實驗室，電晶體、雷射、太陽能電池、C語言、Unix作業系統和無線電天文學都誕生在貝爾實驗室，而且還有七個諾貝爾獎。喬‧格特尼（Jon Gertner）寫了一本書，《貝爾實驗室和美國的創新時代》（*The Idea Factory: Bell Labs and the Great Age of American Innovation*），專門介紹貝爾實驗室是怎麼創新的。2012年，這本書的一部分內容在紐約時報發表[30]，其中提到了學徒制度。以下內容摘自黃小非的翻譯版[31]：

> 被難題纏身的菜鳥員工，惶恐不安的無名小輩，他們在貝爾都有自己的導師，這些導師可都與那些「寫書人」和大牛一起工作，關係密切。一些貝爾實驗室的新員工往往對此感到震撼，因為他們被告知可以向著名的數學家，諸如Claude Shannon，或者傳奇物理學家William Shockley直接提出自己的疑問。而且，貝爾實驗室的策略是，大牛們不允許迴避菜鳥們提出的問題。

4. 刻意練習不好玩

統計表明，在中小學裡，高智商的孩子的成績普遍要更好一些。但聰明最管用的時候是少年時代，在小學裡同一個班的孩子可能智力相差極大，而且這種差異可以體現在他們的成績上。如果是在大學裡呢？既然這些學生在同一所大學上學，他們的聰明程度想必也不會相差太多。是什麼因素決定了大學生

的成績差異？

最初，心理學家們猜測是學生投入的學習時間。在20世紀的七八十年代，至少有6篇論文[32]研究了大學生的學習時間與他們的學業平均成績（GPA）的關係。我們可以想像，那些以前基礎比較好的學生很可能不用投入太多時間也能做得不錯，而以前基礎不好的學生必然要花更多時間追趕，所以在做這個研究的時候，必須把學生此前的基礎，比如說入學成績，都考慮進去，以免結果被這些因素影響。

這些論文的結論相當一致：二者基本沒關係。很多學校號召學生把大量時間投入學習，比如我的母校就號稱學習要學到「不要命」的程度。但事實卻是你無法從一個大學生每週投入學習時間的長短來預測他的期末考試成績。假設有兩個大學生，他們的入學成績完全一樣，在同樣的班級上同樣的課，其中一個人A，每週用30個小時學習，而另一個人B，每週學習時間不超過20小時。這些論文的研究結果是，A的成績未必比B好。

這個結論簡直違反常識。如果這兩人的基礎一樣，難道不是更用功的那個應該成績更好嗎？

關鍵在於，學習時間長不等於用功。一直到2005年，「刻意練習」概念的提出者埃里克森（K. Anders Ericsson）領導的小組研究[33]表明，決定性的因素是不是學習時間，而是學習環境。研究者對佛羅里達州立大學的學生進行了以下幾個方面的統計，看到底哪些因素與學習成績有關：

- 以往學期的GPA、高中成績、大學入學SAT考試成績
- 上課出勤率
- 學習計劃
- 學習環境
- 課外工作的時間
- 參加聚會的時間

　　很顯然，如果一個人整天參加聚會又不愛上課，他的成績不太可能會好。但愛參加聚會和不愛上課這兩項其實是相關的，它們只是說明這個人怎麼樣，而不能說明這個人的學習能力怎麼樣，而且這個因素已經包含在了這個人以往的學習成績之中。如果我們想「預測」一個人在本學期的成績會怎樣，研究人員發現，排除以往成績的話，只有一個因素能預測他成績的變化，這個因素就是學習環境。

　　成績好的學生必須在一個不受打擾的環境中單獨學習。只有在這種環境下學習的時間才是有效時間。更進一步，哪怕這個學生以前的成績很差，只要在這一個學期他做到了在安靜的環境中單獨學習，那麼他的成績將在這一個學期獲得提高。多上課和少去聚會，似乎就沒有同樣的效果。

　　安靜的環境其實不難做到，一般大學的教室和圖書館都相當安靜，問題在於很多學生學習的時候都是戴著耳機聽音樂。我曾經看到美國一個報導說，如今的大學圖書館裡絕大多數學生都在聽音樂，其中的一個學生還跟記者說了一句特別有詩意的話，「silence is deafening」（這句話其實不是他發明的），

我受不了安靜，安靜太刺耳！其實，這些聽著音樂學習的人應該放下書本專心聽音樂才對，因為他們的學習時間長短與考試成績無關。

單獨練習

有個著名的小提琴家說過，如果你是練習手指，你可以練一整天；可是如果你是練習腦子，你每天能練2個小時就不錯了。高手的練習每次最多1～1.5小時，每天最多4～5小時。沒人受得了更多。女球迷們可能認為像貝克漢那樣的球星整天就知道耍酷，她們不知道的是很少有球員能完成像貝克漢的訓練強度，因為太苦了。

刻意練習不好玩。它要求練習者調動大量的身體和精神資源，全力投入。如果你覺得你在享受練習的過程，那你就不是刻意練習。找一本小說邊喝咖啡邊看，在一個空閒的下午打場球，這樣的活動都非常令人愉快，但是做得再多也不會提高技藝。很多人每週都打一場網球或者高爾夫，打了25年也沒成為高手，因為他們不是在刻意練習，他們是享受打球的樂趣。很多年輕人追求一種散漫的風格，幹什麼事情都是一副無所謂的態度，認為在打打鬧鬧中學習的人很酷，這是非常愚蠢的。能夠特別專注地幹一件事才是最酷的。

前面我們曾經說過科學家們曾經非常細緻地調查了一所音樂學院，這就是西柏林音樂學院，這裡培養了眾多實力超群的小提琴高手[34]。研究人員把這裡的所有小提琴學生分為好（將來主要是做音樂教師），更好，和最好（將來做演奏家）三個

組。這三個組的學生在很多方面都相同，比如都是從8歲左右開始練習，甚至現在每週的總體音樂相關活動（上課，學習，練習）時間也相同，都是51個小時。

研究人員發現，所有學生都瞭解一個道理：真正決定你水平的不是全班一起上的音樂課，而是單獨練習。

- 最好的兩個組學生平均每週有24小時的單獨練習，而第三個組只有9小時。
- 他們都認為單獨練習是最困難也是最不好玩的活動。
- 最好的兩個組的學生利用上午的晚些時候和下午的早些時候單獨練習，這時候他們還很清醒；而第三個組利用下午的晚些時候單獨練習，這時候他已經很睏了。
- 最好的兩個組不僅僅練得多，而且睡眠也多。他們午睡也多。

所以我們再次發現所謂「一萬小時」實在是個誤導人的概念。練習時間的長短並不是最重要的，真正的關鍵是你「刻意練習」──哪怕僅僅是「單獨練習」──的時間。哪怕你每天的練習時間跟那些將來要成為演奏家的同學一樣，如果不是單獨練習，你也只能成為音樂老師。

那麼，是什麼因素區分出更好的組和最好的組呢？是學生的歷史練習總時間。到18歲，最好的組中，每位學生平均練習了7,410小時，而第二組是5,301小時，第三組3,420小時。第二組

的人現在跟最好的組一樣努力，可是已經晚了。可見要想成為世界級高手，一定要儘早投入訓練，這就是為什麼天才音樂家都是從很小的時候就開始苦練了。換句話說，他們贏在了起跑線！這樣看來，只有建立在刻意練習的基礎上，總的練習時間才有意義。

　　一幫人在一起合練可能很有意思，也相對輕鬆一些。但只有單獨練習才能快速進步。

練習與娛樂

　　在刻意練習中沒有「寓教於樂」這個概念。我們生活在一個試圖把一切東西都娛樂化的時代，我們希望看個電影就能學到知識。有時候我們也看紀錄片——在這個時代，似乎看紀錄片這個行為本身就已經是值得在微博炫耀一番的了——我們看紀錄片就是為了學習，這總沒錯吧？

　　事實是，你看紀錄片也是為了娛樂。奧爾森（Randy Olson）曾經是海洋生物學教授，後來改行去做了紀錄片導演。他在《不要當這樣的科學家》（*Don't Be Such a Scientist*）一書中告訴我們，電影這個東西根本就不是一個教育工具，哪怕是紀錄片。他舉了一個例子。無脊椎動物一共有35種，其中只有幾個是有意思的，比如章魚和魷魚，有的可以在一秒鐘內變換顏色，有的有人一樣複雜的眼睛。而剩下的其他種類就比較單調乏味了，像蟲子一樣，沒人感興趣。如果你要拍一個關於無脊椎動物的紀錄片，你應該怎麼拍呢？你必須著重介紹那些有意思的種類！你必須時刻讓觀眾保持興趣！如果你在電影裡

畫個無脊椎動物分類圖，再找個老教授詳細介紹每一種無脊椎動物的學術特點，觀眾早就睡著了。可是如果是相關專業的大學課堂教學，學生們就必須學習全部種類，他們還要把每一種類的細節整理成系統化的形式，而且要重複學習。

《舌尖上的中國》是一部非常成功的紀錄片，它之所以成功就是因為它非常符合觀眾的需求。有一個理論說，觀眾在看紀錄片的時候疲勞週期只有8分鐘，所以陳曉卿導演需確保任何一個故事都必須在8分鐘內講完[35]。我們看了《舌尖上的中國》，會對中國的飲食文化產生極大的興趣和自豪感，但是誰如果說要從這個片中學到什麼理論，那就是胡說了。紀錄片對科學的作用並不在於讓觀眾學到什麼知識，而是激發觀眾對科學的興趣。電影和電視是一種很好的激勵手段，但不是好的教育手段。

讀到這裡一定會有人說，在很多紀錄片裡也講了真正的科學知識啊，甚至有的還提到邏輯性很強的理論，有的還有數據，我怎麼就不能從中學到知識呢？沒錯，你看完任何一個紀錄片後都會有一種獲得知識的感覺，但這種感覺很有可能是錯覺。波茲曼（Neil Postman）在《娛樂至死》（*Amusing Ourselves to Death*）這本書裡特別提到這個問題。有人說「當訊息通過戲劇化的形式表現出來時，學習的效果最明顯」。可是波茲曼列舉了各種研究成果，發現這句話純屬扯淡，因為事實證明電視上的訊息很難被記住：「51%的觀眾看完一個電視新聞節目幾分鐘後無法回憶起其中的任何一則新聞……普通的電視觀眾只能記住電視劇中20%的訊息……」

　　如果你想學點知識，最好的辦法是找本書——最好是正規的教科書或者專業著作——然後老老實實地找個沒有人的地方坐下反覆讀，而且還要自己整理筆記，甚至做習題獲得反饋。如果你堅持不了8分鐘，你不適合學這個。

　　練習需要重複，而重複一定不好玩。教育需要全面，而娛樂一定只關注其中好玩的部分。所以娛樂跟學習必然是不相容的，如果你是在娛樂，你就不是在學習。你可以用娛樂的手段號召人去學習，但娛樂本身絕對不是學習。

　　「寓教於樂」是個現代社會的發明，從來沒有哪位古代哲人認為應該寓教於樂。波茲曼振聾發聵地寫道：

　　　　教育哲學家認為獲得知識是一件困難的事情，認為其中必然有各種約束的介入。他們認為學習是要付出代價的，耐力和汗水不可少，個人的興趣要讓位於集體的利益。要想獲得出色的思辨能力對年輕人來說絕非易事，它是異常堅苦卓絕的鬥爭。西塞羅說過，教育的目的本來應該是擺脫現實的奴役，而現在的年輕人正竭力做著相反的努力——為了適應現實而改變自己。

　　吃苦已經過時了，這個時代的所有人都是寵兒。刻意練習是個科學方法，值得我們把它運用到日常工作中去。但顯然我們平時做的絕大多數事情都不符合刻意練習的特點，這可能就是為什麼大多數人都沒能成為世界級高手的原因。考慮到刻意練習是如此的不好玩，我猜我們也沒必要過分可惜自己沒能成

為天才這個事實。

但是為什麼仍然有人能堅持刻意練習呢？

5. 誰願意練習一萬小時？

每一個神童背後，都有一個能豁出去讓自己的孩子猛練的父親。莫扎特、馬友友、朗朗，這些音樂天才的共同特點是他們從小就在父親的監督下學音樂，甚至可以說父親是他們成長中起到最決定性作用的人物。其中鋼琴家朗朗的父親郎國任則做得可能有點過了。他對朗朗的要求如此之嚴，寄予的期望如此之大，甚至發生了因為誤會朗朗貪玩沒有按時練琴就逼他自殺的事情㊱。

以前中國流行一句話，「不要讓孩子輸在起跑線上」，現在這句話已經被批成了反動言論。人生難道不是一場長跑嗎？你像跑短跑一樣贏了起跑線，後面沒勁了怎麼辦？沒錯，對絕大多數普通人來說的確如此，小時候應該寓教於樂，年輕時代應該充滿陽光地揮霍一下青春，中年以後應該好好享受生活。但是對於某些不想當普通人，一心想要出人頭地的人來說，輸了起跑線就沒有機會參加後面的比賽了。

在前面講到的關於西柏林音樂學院的那個研究中，第二組和第一組的學生每週都有24個小時的單獨練習時間，可見這個時間已經很難再增加了。刻意練習需要學習者的精神高度集中，是一種非常艱苦的練習，人的精力只能做到這麼多。但是第一組是為將來做職業演奏家培養的，而第二組的學生只不過

比將來要做鋼琴教師的學生好而已。決定這兩個組學生實力差距的，是他們的歷史總練習時間。到18歲，第二組比第一組少練了2,000多個小時——現在他們一樣努力，可是已經晚了。

音樂如此，體育也是如此，一步趕不上就意味著步步趕不上。的確，很多人因為用力過猛輸掉了後面的比賽，很多人將會被淘汰，但是也有極少數人能夠一路贏下來。他們不但贏了起跑線，而且接二連三地贏了後面的比賽。世界就是屬於這極少數人的。世界並不需要一千個鋼琴大師或者一萬個足球明星，這些少數的幸運兒已經把所有位置都占滿了。如果你想享受快樂童年，你的位置在觀眾席。

刻意練習不好玩。偉大的成就需要放棄很多很多東西，而這种放棄並不是沒有爭議的。耶魯大學法學院教授蔡美兒在2011年出了本書《虎媽的戰歌》，它講述了作為一個在美國的華裔母親是怎麼嚴格要求自己的孩子的。這本書轟動一時，引起了激烈的討論。虎媽要求兩個女兒只能練鋼琴或者小提琴，不能玩別的樂器，不能參與任何與學習無關的課外活動，沒有社團、沒有演戲、沒有公益，只能學習。這種做法對自己的孩子人道嗎？對別人的孩子公平嗎？對社會有益嗎？

我不知道虎媽的育兒法是否對整個社會有利，但我相信虎媽一定明白一個道理：如果你想出類拔萃，那麼你要參與的這場競爭很大程度上是個零和博弈——你想贏就意味著有人要輸，你拿到這個位置就意味著有人拿不到這個位置。像這種博弈對社會有沒有好處對你來說不重要，你關心的是怎麼做對自己有好處。這個博弈沒有雙贏。

這不是一般人玩得起的遊戲。

孤注一擲

體育、音樂和表演，都是高投入高風險的事情，明星的背後是無數個失敗的墊背。想要成功，就得練習一萬小時，但考慮到機遇因素，即使你練了這一萬小時也未必能成功，這其實是一場賭博。為什麼美國大多數體育明星都是黑人？黑人身體素質好只是一方面，更重要的是但凡有點能耐的白人家庭都不會讓孩子把賭注押在體育上。在阿根廷、巴西、葡萄牙和英國這些傳統足球強國，只有不太富有的家庭的孩子才從小就把踢足球當作此生追求。C‧羅納度小時候家裡地方太小，以致於冰箱得放在房頂上；英國所有球員都來自工人階層，以致於中產階級孩子就算想踢球都無法融入隊友的「文化」[37]。

這些運動員認定體育是他們最好的出路，他們放棄考大學找工作過平淡生活的機會，孤注一擲，成不了明星就只能當墊背。他們的賭注是自己全部的前途。像花式溜冰這樣的項目在沒有舉國體制的國家誠然只有富人才玩得起，那些供子女練這些項目的家庭必須持續不斷地投入巨資聘請好教練，這何嘗又不是一場賭博？

下這麼大賭注練習，絕對不僅僅是為了博女朋友一笑，與之對等的回報是整個世界的認可。高水平的運動員有一個共同特點：他們非常，非常，非常非常想贏得比賽。

也許很多人認為籃球巨星的最重要素質必然是「熱愛籃球」，但在麥可‧喬丹傳記《為萬世英名而戰》（*Playing for*

Keeps）一書中，作者David Halberstam告訴我們，真正使得喬丹成為巨星的「素質」，是對失敗的痛恨。為了贏球他可以做任何能提高自己技能的事情，而且這種素質是在被踢出校隊以後才在他身上表現出來的。

有一位教練，回憶他第一次看喬丹打球時說[38]：

當時場上的九個球員都在「例行公事」，而有一個孩子卻在全力以赴。看他打得那麼拚命，我以為他的球隊正以1分落後，而比賽還有兩分鐘結束。然後我看了一眼記分牌，現在他的球隊落後20分，而比賽還剩一分鐘！

喬丹在整個職業生涯都是所有球員中最想贏球的，他總是有極強的目的性，永遠都想改進自己的技術弱點。他對贏球是如此渴望，以致於他會罵那些不努力的隊友，公牛隊的新秀在第一年時往往都會抱怨受不了喬丹的罵。

傳統的中國文人非常不喜歡談論名利，認為做事業最好是為了興趣、責任感和集體榮譽，甚至最好把從事的運動當成修身養性的機會。而我們看到的高水平運動員恰恰不是這樣。他們上場不是為了跟對方球員交朋友，也不是為了展現自己的精神面貌，甚至也不是為了打出賞心悅目的比賽。他們上場是想贏！

中國的獨生子女制度使得一般家庭都把自己的孩子視為掌上明珠，像郎國任那樣能把兒子豁出去猛練的家長非常少。再加上現在考大學更容易而且經濟發展很快，把前途賭在足球上

顯然不是最理性的選擇，中國的足球人口下降是必然的。缺乏有效競爭，又拿著高工資，中國球員當然沒必要太拚命。不拚命，對於競爭不太激烈的運動來說無所謂，但像足球這樣的國際競技水平極高，競爭無比激烈的運動來說就意味著出局。不論是中超外援還是外籍教練，對中國隊的一個共同評價是中國球員缺少強烈的取勝慾望。馬拉度納2012年訪問中國期間曾接受《體壇週報》的採訪，他說[39]：

> 在我執教和觀看的球隊中，我看到過很多優秀球員，但他們和我之間總有一個差別，這個差別非常重要，那就是我比他們更熱愛足球，更想贏得一切。

你可能覺得這實在太功利了。功利就對了。實際上，如果你想讓你的孩子學習更好，你可以嘗試更功利一些。

獎勵機制

一般人當然用不著孤注一擲地刻意練習，但還是需要一點刺激才能練下去，因為只要是有用的練習都不好玩。

美國公立學校系統每年在每個學生身上要花費一萬美元以上的辦學費用，但是成效卻相當不好。有些美國的教育問題在中國人看來簡直匪夷所思，比如高中的退學率。2009年，美國高中畢業生的平均年收入是27,380美元，而高中退學生的平均年收入則只有19,540美元。只要你能拿到高中畢業證，年收入就能提高8,000美元，這個交易難道還用想嗎？但即使這樣，

低收入家庭的學生卻有9%的退學率，在市區的某些地方，退學率竟能高達50%。這些學生退學並不是為了打工掙錢養家，而是受不了聚會、遊戲和毒品的誘惑，他們根本沒心思上學。

經濟學家格尼茨（Uri Gneezy）和李斯特（John List）[40]，在2008年得到一筆意外的私人捐款，捐款人希望他們研究一下改善教育的辦法。於是他們就研究了怎麼用花錢的辦法改善教育。他們找了個高中，隨機選擇了400個高一學生，對他們宣佈了以下政策：

- 給每個學生一個量身訂製的成績標準（這個標準並不難達到，比如所有科目成績在C以上），如果學生能達到這個標準，且沒有無故曠課的行為，那麼他/她就能每月獲得50美元的獎勵；
- 每月舉行一次抽獎，在所有達到標準的學生中隨機抽10人，每人給500美元的獎金，並在發獎當天用加長型悍馬送獲獎者回家；
- 對於未能達標的學生，研究者會幫著他們想辦法，包括打電話提醒。

結果相當不錯，邊緣學生的成績被提高了40%。不但如此，實驗組的學生在實驗結束之後，因為已經養成了更好的學習習慣，到了高二仍然比沒有參與實驗的控制組學生表現得好。研究者估計大約有40個原本會輟學的學生，會因為這個實驗而能拿到高中文憑。考慮到他們在未來會因此而增加的收

入，這筆錢花得很值得。

格尼茨和李斯特還測試了別的獎勵辦法，比如說在考場上當場宣佈如果你這次的成績比以前好，就發給20美元。結果實驗組學生的成績立即提高了10%——知道有獎金的時候已經在考場上，所以這肯定不是刻苦學習的結果，而只能是學生們因此在考試中付出了更多的努力，要知道孩子們通常缺少做題的意志力。

花錢收買孩子學習！這對中國人來說未必有多麼令人震驚，大概每個家長都用過物質刺激的辦法。我和我弟弟小時候如果考得好，父母至少也會獎勵一頓好吃的，只不過從來沒有這麼赤裸裸地直接發錢而已。羅伊・鮑梅斯特（Roy F. Baumeister）和約翰・提爾尼（John Tierney）在《增強你的意志力》（Willpower）這本書中認為，亞裔家庭的孩子之所以意志力更強，跟家長給的獎勵制度很有關係。其他族裔的家長給孩子買東西往往是興之所至，或者過生日的時候買。而亞洲家長往往對孩子有清晰的目標：你必須完成這個目標才能獲得獎勵。比如一個韓國人的兩個女兒如果在超市櫃檯要巧克力，家長就會藉機要求她們在一週之內看完一本書，如果能做到這一點，那麼在下次來超市的時候就可以買巧克力了。想要車可以，但不馬上買，必須考進醫學院才給買。

但是這種完全根據成績來發獎勵的做法也有問題。哈佛大學經濟學家羅蘭（Roland G. Fryer. Jr.）在2007年曾經做過一個類似的獎勵實驗[41]，他的實驗學生人數高達一萬八千人，總獎金則是630萬美元。羅蘭在四個不同城市測試了四種「發錢」

的策略：

- 在紐約，學生直接根據考試成績拿獎金：四年級學生
  每次考試最多掙25美元，七年級50美元；
- 在芝加哥，九年級學生每次考A可以得到50美元，B為
  35美元，C為20美元，每年最多不超過2000美元，但與
  紐約不同的是這筆獎金的一半要等到高中畢業以後才
  能拿到；
- 在華盛頓，參與實驗的中學生根據日常表現來獲得獎
  金，比如按時到學校上課，不攻擊同學等，表現好的
  每兩週可以獲得100美元；
- 在達拉斯，受試者都是二年級的小學生，如果他們能
  讀完一本書並且通過關於這本書內容的測驗，就可以
  獲得2美元，且每年最多只能得到14美元。

　　猜猜哪個策略最成功？結果是紐約的實驗完全失敗，跟不
享受獎金制度的控制組相比實驗組的學生成績沒有任何不同。
芝加哥的實驗組學生的確為了拿獎金而更多地上課，而且取得
了更好的成績，可是他們的最後期末標準化考試成績卻並不比
控制組更好。華盛頓實驗組的學生表現更好，他們在期末的標
準化考試成績也比控制組好。而表現最好的竟是達拉斯的二年
級小學生，他們通過讀這七本書，在期末的標準化閱讀理解考
試中成績取得了極大的提高。

　　我們很難對這個實驗做出更多解讀。一個可能的結論似乎

是獎勵學習的過程，比只看學習的結果效果更好。研究人員訪問紐約和芝加哥參與實驗的學生時發現，這些學生都很想提高自己的考試成績，但是他們不知道怎麼提高。這個研究似乎再次說明練習方法的重要性[42]。

對這些獎勵辦法的批評是：「要我練」怎麼也比不上「我要練」。但我所見到的與刻意練習有關的理論並不區分「要我練」和「我要練」，你只要按要求練了就行。無論如何，設定一個具體的階段性目標並且按照這個目標努力不失為一個好辦法。有了目標就有了參照物，你就可以自己監督自己，甚至讓別人監督自己。2009年，攝影師麥克勞林（Dan McLaughlin）看過《異數》這本書之後，決心辭職，練習一萬小時，成為職業高爾夫球手。他把自己的練習過程全程公佈在網上，這樣任何人都可以監督他[43]。他認準了「一萬小時」這個死理，每天給自己倒計時，說我現在還剩xxxx小時！中國年輕作家彭縈也在搞一個類似的一萬小時倒計時，她每年在博客公佈自己的進度總結[44]。

那麼，到底有沒有人，不需要別人「要我練」，而完全是自己「我要練」呢？

當然有，這幫人有基因優勢。

興趣與基因

我們的社會就是這樣，如果一個人說他苦練是為了出人頭地，記者們就會鄙視他；如果他說苦練僅僅是為了興趣，記者們就會仰慕他。但興趣是真的。有的孩子似乎天生就對某一領

域感興趣，別人覺得很枯燥的活動，他們樂此不疲。就算明知幹這個不能帶來金錢和榮譽，他們還是願意幹。他們覺得幹這個是他們生活的一部分，甚至這就是他們生活的目的。「感興趣」當然並不一定說明他能做好，就算不感興趣只要願意練，也能練成。興趣最大的作用是讓人自己願意在這個領域內苦練。

學習一個技能的初期，智商可能是決定性因素。但是隨著學習的深入，興趣的作用可能就越來越大了，因為興趣可以在相當大的程度上決定誰能堅持下來。

國外的標準化考試，經常使用「百分位」（percentile）來表示一個學生的排位等級。成績越好百分位越高，如果你的百分位是89%，則說明有89%的學生的成績不如你。德國的一項研究[45]，找到3,500個五年級學生，拿到他們的數學成績和智商測試成績，結果一目瞭然：智商越高的數學成績越好。但是這項研究真正想要知道的是學生的「內在動力」對數學成績的影響，所以研究者對這些學生做了關於學習動力和學習方法的調查，調查的項目包括以下幾項。

- 內在動力：你是否純粹因為喜歡數學而願意在數學上多花時間？
- 外部動力：來自家長的壓力，對好成績的追求。
- 學習方法：你靠的是死記硬背，還是深入理解，你是否能把數學知識用於日常生活？

　　五年後，這些學生上到十年級，研究者再次取得他們的數學成績。結果非常有意思。真正能決定一個學生進步幅度的不是智商，而是內在動力和學習方法。如果一個學生在五年級時候的成績百分位只有50%但是其內在動力和學習方法卻排在前10%，那麼他到十年級的時候成績排位可以前進13個百分點達到63%。智商則沒有這樣的作用。更重要的是，外部動力——純粹為了贏，或者純粹為了讓家長滿意——不能長久地提高數學成績。

　　我們應該怎麼理解這個研究和前面提到的那些用錢收買孩子的研究呢？外部刺激到底有沒有用？我認為真相很可能是這樣的：外部刺激有短期的作用，但是不可持續。李斯特等人的獎金的確可以讓一個即將退學的高中生堅持完成學業，甚至能讓對方堅持到高中畢業，但這種堅持仍然是非常有限的。他可以堅持一兩年，但很難堅持五年。你可以把一個邊緣學生勉強拉住讓他不掉隊，但你很難用錢把他砸成數學家。至於那些玩命苦練的職業運動員，他們固然有極強的取勝慾望，但如果一點興趣都沒有那也是不可能的。

　　既然興趣是如此重要，最好的早期教育就應該是先慢慢培養興趣。我曾經聽說，如果你統計那些鋼琴大師的授業恩師，他們當然都是頂尖名師；可是如果你統計這些大師的啟蒙老師，他們人生中的第一位鋼琴老師，你會發現這些老師往往並沒有什麼名氣。這些啟蒙老師並非都是鋼琴高手。但這些老師有一個共同的本領：他們非常善於調動孩子對鋼琴的興趣。他

們能讓孩子一上手就愛上這個樂器。

如果能建立起興趣，我們希望這個興趣能在練習過程中，隨著練習者能力的提高，練習難度的增大，而越變越強。在理想的狀態下，整個過程可以形成一個正反饋：最初，這個孩子在音樂中有一點超出同伴的興趣，於是他主動練習——因為練習了，所以不僅僅是他的興趣，他的音樂技能也超出了同伴——於是他的興趣更大了，他進一步猛練——他在比賽中獲獎，於是他把目標定為在成為頂級高手——在追逐這個目標的時候他發現音樂真是個博大精深的項目，越練越有興趣。也許很多科學家的成長就符合這個理想模型。

很多為了奧運金牌，甚至純粹為了奧運金牌帶來的獎金而練習的運動員最後也能拿到奧運金牌。他們往往功成名就後就退役經商去了，他們的確證明了，對那些競爭不是特別激烈的運動項目來說有沒有興趣並不重要。但有些頂級的運動員卻達到了興趣與事業並進的理想境界。這樣的人物，幾乎可以肯定是「天生的」。

現在我來介紹一下科學家對「基因與興趣」這個問題的最新理解[46]，這部分內容可能會引起激烈的爭論，特意放在本文的最後。

科學家多年以來最感興趣的一個問題是，到底人的哪些特徵是天生的，哪些特徵是受後天教育和環境影響的？我們可能會以為凡是天生的，就必然被記錄在這個人的DNA編碼之中，凡是後天的，就必然不在DNA之中。但事情比這個要

複雜得多，因為環境可以影響基因表達，也就是說即便你的DNA裡有繪畫的天賦，但是如果你沒遇到這個環境，你的天賦也完全表現不出來。更複雜的是人的任何一個特點都不是由一條基因決定的，它往往是很多個基因共同作用的結果，而且基因可以跟基因互相影響，互相構成各自的環境，這就使得我們幾乎不可能單憑查看一個人的DNA來判斷他有什麼天賦。

但是科學家仍然找到了一個非常漂亮的辦法來區分先天基因和後天環境對人的影響。這就是同卵雙胞胎（identical twins）。同卵雙胞胎連長相都一模一樣，我們可以大致認為他們有完全相同的基因。如果有一對雙胞胎從一出生就被父母遺棄，又被背景完全不同的兩個家庭分別收養，他們在不同的環境中長大卻互不相見，直到成年以後科學家才把他們找到，看看這兩人有什麼相同點和不同點，這樣我們不就知道哪些因素是天生的，哪些是後天養成的了嗎？嚴謹起見，你必須能找到很多對這樣的雙胞胎，再把他們跟那些從小在一起長大的同卵雙胞胎對比，使用嚴格的統計方法，才算好的科學研究。好在科學家有足夠多的人力、物力和時間來做這種事情。

這種研究進行了幾十年，科學界的共識是，先天因素遠遠大於後天因素。

首先，任何一種能夠測量的心理特徵，包括智商、興趣愛好、性格、體育、幽默感，甚至愛不愛打手機，所有這些東西都是天生的。

其次，後天環境對智力和性格的影響非常有限。先天因素是主要的，後天因素是次要的。哪怕家庭環境可以在一定程度上左右一對同卵雙胞胎小時候的行為，以致於他們可能會有不同的愛好和個性，但等他們長大以後，他們的先天特徵會越來越突出，他們會越來越「像」！他們在擺脫家庭對他們「真實的自我」的影響！注意，這並不是說家教完全沒用。家教可以左右基因表達，可以鼓勵孩子發揮他天生的特長，也可以壓制他天生的性格缺陷。只不過這個作用是有限的。

最後，一個針對兩歲兒童的研究⑰發現，越是社會經濟地位高的家庭，基因對孩子的影響越大；越是社會經濟地位低的家庭，環境對孩子的影響越大。這大概完全是因為貧困家庭的孩子得不到充分發展的環境，他們被環境給壓制了；而富裕家庭的孩子卻可以天高任鳥飛。當然，這個研究說的是兩歲的小孩，根據前面的結論，成人以後所有的孩子都有可能發揮自己的能力。

所以，一個人愛好什麼，喜歡幹什麼，能死心塌地地在什麼方向上刻意練習，基本上是天生的。

人並不僅僅被動地等著被環境改變，有一個理論⑱認為，自然選擇給了每個人不同的基因，而人可以出去尋找自己的基因所喜歡的環境，也就是那些能給我們「自私的基因」提供最大的生存和複製機會的環境。基因決定喜好，喜好決定我們追求什麼。

達爾文的父親想讓他學醫，達爾文也的確進入醫學院學習

了，他報了很多醫學課程，但發現自己就是不喜歡這些課程[49]。他更喜歡觀察鳥類，喜歡地質學和自然史。有多少人對昆蟲感興趣？達爾文喜歡採集植物和蒐集甲蟲。等到有一個遠航考察的機會，他不顧父親反對立即就去了。他決定聽從自己基因的召喚。

也許興趣就是大師們最大的先天因素。每個人都有天生的不同興趣，區別僅在於有的人足夠幸運能夠在比較早的時候就找到適合自己興趣的環境，而有的人一輩子也沒找到。找不到，未必是這個人不行，更大的可能性是整個環境都不行。如果達爾文出生在中國，根本就沒有出海遠航的機會，更不用說接觸什麼最新的生物和地質理論，乃至發表自己的學說——他只能去學學「四書五經」應付科舉考試。所以，家庭和社會能為人才做的最好的事情，就是提供能施展各種興趣的環境。

尋找適合自己興趣的環境，把自己的基因發揚光大——這難道不就是進化論告訴我們的人生意義嗎？

---

① 其實《異數》談論的大多是孕育頂尖高手的一些宏觀因素，比如，放大早期優勢的馬太效應、家庭能不能給孩子提供一個好的訓練條件以及客觀時勢和各國文化的影響。

② 經濟學人：Practice may not make perfect ── Musical ability is in the DNA, Jul 5th 2014.

③ 後面凡是沒有提到出處的研究結果，都來自這幾本書。

④ Ericsson本人與合作者寫過一篇關於刻意練習的通俗文章，見The Making of an Expert, Harvard Business Review, July-August 2007 .

⑤ 這是一篇中國足球報導中少見的有技術含量的訪談。http：//sports. sina.com.cn/j/2011-10-06/17335773677.shtml

⑥ 《莫博士：我所認識的賈伯斯》，來自華爾街日報中文版，全文在 http：//tech.sina.com.cn/it/2011-10-06/13256143674.shtml

⑦ 尼爾・波茲曼，《娛樂至死》（*Amusing Ourselves to Death*），第二章。

⑧ 但是這種學法有重大缺陷，就是一旦不用了就很容易忘記。我不推薦 這種學法。

⑨ 這兩個理論未必矛盾，但也未必都對，留待日後定論。

⑩ 參見*The Brain That Changes Itself*一書，作者Norman Doidge。

⑪ 見《我比別人更認真》（*Talent is Overrated*）和《天才密碼》（*The Talent Code*）二書。

⑫ 新浪體育報導《易建聯背後付出首次被曝光》，2011-09-20，http：// sports.sina.cn/?sa=d3927406t24v4&vt=4

⑬ 新浪體育，《東亞賽暴露男籃殘酷現實 李楠：基本技術不如日韓》， 2011年06月16日。

⑭ 陸晶靖，《「如果中國能有一個馬爾克斯」》，三聯生活週刊，http：// www.lifeweek.com.cn/2012/0514/37183.shtml

⑮ 嚴鋒，《作家是怎樣煉成的》，新民週刊2009。原文見 http：//news. sina.com.cn/c/2009-12-09/112519222865.shtml

⑯ 事見《天才密碼》（*The Talent Code*）一書。

⑰ 整個事件見《為什麼你沒看見大猩猩？》（*The Invisible Gorilla*）一書， 作者 Christopher Chabris 和 Daniel Simons。

⑱ 所以媒體在報導科學發現的時候是有偏見的，仔細想想這個問題。

⑲ 參見果殼網文章《學音樂能提高孩子的認知能力嗎？》http：//www. guokr.com/article/437740/

⑳ http：//en.wikipedia.org/wiki/Baby_Einstein 注意，「互動百科」網站的 相關條目（http：//www.baike.com/wiki/《小小愛因斯坦》）中僅僅告 訴你這是一個好品牌，而完全沒有介紹這些研究。不翻牆行嗎？

㉑ 紐約時報報導：http：//www.nytimes.com/2009/10/24/education/24baby. html

㉒ 參見《紐約客》雜誌2013年4月5日文章，BRAIN GAMES ARE BOGUS。

㉓ http：//www.solidot.org/story?sid=37156

㉔ http：//science.solidot.org/article.pl?sid=10/04/22/0715210

㉕ http：//sports.sina.com.cn/cba/2011-09-23/21545758924.shtml

㉖ 他就是我們前面提到的《異數》那本書的作者。

㉗ 順便說一句，現在的天氣預報系統已經非常完美了。有統計表明，在 美國天氣預報說第二天降水機率是30%的日子裡，的確有30%的日子 是降水了。考慮到隨機因素，天氣預報是一種準確度非常高的預報。

㉘ 此事來自《天才密碼》(*The Talent Code*) 一書。

㉙ 其實從這個意義上講，現代教育制度與其說是一種培養制度，不如說是一種選拔制度，或者更確切地說是一種淘汰制度。好的工作崗位有限，想幹這個工作的人卻很多。大學的真正作用是決定誰能進入到那個崗位上去。至於到了那個崗位怎麼做，那是你到了以後才要關心的事情。

㉚ http：//www.nytimes.com/2012/02/26/opinion/sunday/innovation-and-the-bell-labs-miracle.html?_r=0

㉛ http：//blog.jobbole.com/24076/

㉜ 這些論文都在後面Ericsson等人那篇論文的參考文獻中。

㉝ E. Ashby Plant, K. Anders Ericsson, Len Hill, Kia Asberg, Why study time does not predict grade point average across college students：Implications of deliberate practice for academic performance, Contemporary Educational Psychology, Volume 30, Issue 1, January 2005, Pages 96-116.這個研究調查學生的行為，給本書前面《科學的勵志與勵志的科學》中調查學生品質的那個研究有異曲同工之處。

㉞ 此事來自 *Talent is Overrated* 一書。

㉟ 果殼網專訪，陳曉卿，《舌尖上的中國》的藝術與科學 http：//www.guokr.com/article/438258/

㊱ 此事見於朗朗自傳《千里之行：我的故事》。

㊲ 這方面的更詳細論述見*Soccernomics*一書，作者 Simon Kuper, Stefan Szymanski。

㊳ 這段中文是我翻譯的，來自*Playing for Keeps*一書。

㊴ http：//sports.qq.com/a/20120815/000085.htm

㊵ 此事及前面美國高中中文憑代表的收入數據，都來自Uri Gneezy 和 John List二人2013年出版的*The Why Axis: Hidden Motives and the Undiscovered Economics of Everyday Life* 一書。

㊶ 這個研究的詳細情況見時代週刊報導：Should Kids Be Bribed to Do Well in School？作者 Amanda Ripley, Apr. 08, 2010.

㊷ 我不太讚賞這個實驗。各個地區選用的受試者都在不同年級，這個設定毫無意義。更科學的辦法顯然是盡量選取相同年級甚至相同地區的學生來測試不同的激勵策略。*The Why Axis*中Uri Gneezy和John List設計的實驗就要合理得多。

㊸ 他的網站是http：//thedanplan.com/ 相關事件見於阮一峰的博客文章《Dan計劃：重新定義人生的10000個小時》，http：//www.ruanyifeng.com/blog/2011/04/the_dan_plan.html

㊹ 彭縈的博客地址是http：//yingpeng.me/

㊺ 這個研究見於《科學美國人》2012年12月文章 Like Math? Thank Your Motivation, Not IQ http：//www.scientificamerican.com/article/like-maththank-your-moti/

㊻ 此處的所有學術部分參考2013年出版的*Ungifted: Intelligence Redefined*一書，作者是認知科學家 Scott Barry Kaufman。

㊼ 論文在 http：//www.ncbi.nlm.nih.gov/pubmed/21169524

㊽ 這個理論叫做Experience Producing Drive theory。

㊾ 見維基百科達爾文條目。

最高級的想像力是不自由的

愛因斯坦一生說過很多話。也不知道他在什麼時候，什麼情況下，說過一句「想像力比知識更重要」[1]。愛因斯坦沒說知識不重要，他只是說在搞科研這個工作中，想像力「更」重要。然而此話在中國流傳到了鄭淵潔（編注：大陸童話作家，1955年出生）這一代，就被推論為[2]：

想像力和知識是天敵。人在獲得知識的過程中，想像力會消失。因為知識符合邏輯，而想像力無章可循。換句話說，知識的本質是科學，想像力的特徵是荒誕[3]。

我不知道沒有知識的人能想像出什麼東西。柏克萊的心理學教授艾利森・高普尼克（Alison Gopnik）在《寶寶也是哲學家》（The Philosophical Baby）一書中，介紹了現代認知科學對人類想像力的研究成果。兒童的確比大人更容易想像，這是因為兒童大腦的前額葉皮質並沒有發育成熟，不容易專注，思維表現得更加開放。但兒童的想像力不是「無章可循」的，只有在理解了事物之間的因果關係以後，「想像」才成為可能。

人能想像自己在天上飛，是因為看到鳥在天上飛。我們可

以比較30年前的科幻電影和現在的科幻電影，同樣是描寫數百年之後的未來世界，哪個描寫得更像？顯然是現在。在古老的科幻電影裡，主人公要打視頻電話，結果居然需要用一隻手拿著個聽筒。老電影裡未來世界的飛船控制室裡面佈滿了各種鍵盤和指示燈，而現在的電影裡全是超大超薄外加透明的觸摸屏。你不在現實生活中給他們發明一個觸摸屏，這幫專門負責想像的電影製作人就忘不了鍵盤。

看似自由的想像，背後都有借鑑的根源。孔慶東④曾經有一個論點，中國古代的神俠小說也不少，但是「暗器」卻幾乎沒有出現（至少從來不是主流武器）；而現在的武打書裡面本本都有暗器。為什麼古人想像不到暗器？因為暗器是近代小說家受到手槍的啟發想像出來的。在近代從還珠樓主開始到金庸的小說中，高手們動不動就「運功療傷」，「功力」成了一個可以隨便傳遞和輸出的東西，這顯然是受到近代物理學中「能量」概念的影響，或者更有可能是受到電池充放電的啟發。

對於科幻小說和童話故事的這種想像力，我認為存在兩個等級。

初級的想像力就是在日常生活中玩「what if」遊戲。What if 老鼠會說話？What if 老鼠能駕駛玩具飛機？這些問題把兩個看似不相干的東西聯繫起來，形成一種荒誕的效果。每一個 what if 都可以形成一個童話故事，可是如果你僅僅停留在 what if 帶來的初級荒誕，這種童話故事就是非常簡單的。

鄭淵潔的想像力就是這個級別的。他在有一次接受記者採

訪時提到：

「萬一一笑把核兒吞到肚子裡怎麼辦？如果吞到肚子裡會不會長出櫻桃樹來？這使我想起在小學期間，我的同桌給我起的一個外號『棗核兒』。」這個特殊的外號讓鄭淵潔記憶猶新，當他開始寫作時就一直希望能夠用這個名為主人公創作一部作品……

注意，這個想像力並沒有脫離有核兒才能長成樹這個因果知識。一個整天問 what if 的人，可以寫出一大堆童話故事來。這些故事講的其實不是老鼠，而是披著老鼠外衣的人。孩子們以為聽到了一個關於老鼠的故事，鄭淵潔其實是講述小朋友自己的故事。而「小朋友自己的故事」，成不了世界名著。我們注意，這種「what if」想像力是完全自由的，你沒有義務解釋肚子裡為什麼能長出櫻桃樹。沒人會追問這個問題。因為沒人關心你這個故事。

想要寫一個像《西遊記》、《魔戒》、《哈利波特》或者是電影《阿凡達》這樣博大精深的故事來，所需要的是另外一個等級的想像力。一種不自由的想像力。

寫大著作，你必須構建一個完全自洽的想像世界。「自洽」（self-consistent），是一個非常高的要求。你必須解釋為什麼有些山可以在潘多拉星球懸浮：因為山上的礦石中含有常溫超導物質，而且該星球的磁場紊亂——而人類之所以要來這

個星球就是為了這種物質——潘多拉星球磁場紊亂，這也是該星球上的動物有一定的感應能力的原因——而磁場之所以紊亂，是因為附近有幾顆別的行星，你都可以在天空中看到……幾件事必須能夠互相解釋，是一個完備的邏輯系統。除此之外，你要估算潘多拉星球的大氣密度，你「想像」出來的這些動植物必須符合這個星球的環境，你得請語言學家專門給土著發明一種語言：你編了一本《潘多拉星球百科全書》。

《魔戒》和《哈利波特》也是如此。除了世界觀自成體系之外，這兩本書還有一個特點：作者對歐洲神話要有相當深的研究。各種魔法，種族和道具不能胡亂想像，必須符合一定的文化傳統。《西遊記》也是這方面的典範。

請問，這種想像力是天馬行空、胡想亂想的嗎？是步步為營、精心計算出來的。一個外行看到《魔獸世界》這樣的網路遊戲，也許會被其中充滿想像力的畫面、人物、打鬥招法和劇情所吸引，並給出一個「夠荒誕」的評價，因為這些東西與我們在生活中的見聞是如此不同。可是僅僅只有荒誕無法讓人玩上幾百個小時而不覺得枯燥。一個長期有效的系統還必須是合理的。你必須給遊戲設定難度，並確保越難打的怪物的長相和武功越離奇，掉落的寶物越珍貴，因為只有這樣它們才值得打；你可以想像每個種族和職業的武功特長都五花八門，可是你必須平衡各個種族和職業之間的技能，否則所有玩家都會選擇最強的那個種族或者職業。除此之外，你還必須確保遊戲中人物賺錢的速度正好足夠他們購買相應等級的物品，否則就會

出現「通貨膨脹」或「通貨緊縮」。《魔獸世界》為此專門聘請了經濟學家來進行設計，甚至必須即時地監視系統。

所以，最高級的想像力其實是不自由的。正是因為不自由，它的難度才大。自由的「what if」思維，只是高級想像力活動的第一步，其背後不自由的東西才是關鍵。從這個意義上講，中國導演拍不出《阿凡達》，他們缺的不是「自由」，而是這種「不自由」的超難腦力和物力。

「自由想像力崇拜」的背後，是「頓悟崇拜」。有「頓悟崇拜」思想的人認為一般人終日被自己的知識所束縛，而一旦跳出這種束縛，就能夠取得重大的突破。這種思想其實是對科學發現的庸俗解釋。

一旦有一個一般人想不到的發明出現，就會有人解釋說他之所以能做出這個發明，是因為他是「自由想像」的。好像科學中存在無數個可怕的「禁區」，別的科研人員從來都不敢往這個方向上想一樣。其實，你能想到的東西，專業人員早就想過了。

在《費曼物理學講義》這本當初加州理工學院的物理教科書中專門有一小節，叫做《相對論與哲學家》。費曼說，相對論流行以後，很多哲學家跳出來說：「坐標系是相對的，這難道不是最自然的哲學要求嗎？這個我們早就知道了！」可是如果你告訴他們光速在所有坐標系下不變，他們就會目瞪口呆。所以真正的科學家其實比「想像家」更有想像力。一個理論物理學家可能每天都有無數個怪異的想法，真正的困難不是產生「怪異」的想法，而是產生「對」的想法。

認為專業科學家被他們的知識所束縛，認為專業科學家缺乏想像力，是很多民間科學家安身立命的根本和忿忿不平的原因。但事實是專業科學家比民間科學家更有想像力！最典型的例子是量子力學，我曾經看過不少民間科學家和民間哲學家去「解釋」量子力學，甚至試圖去發明自己的量子力學，我可以負責任地說，哪怕不論對錯，僅僅從審美角度看，甚至僅僅從「夠不夠匪夷所思」這個角度看，這些「不受束縛的想像力」發明出來的版本，沒有一個能比得上物理學家的版本。我想特別引用一句波耳（Neils Bohr）的話：

We are all agreed that your theory is crazy. The question that divides us is whether it is crazy enough to have a chance of being correct.

我們都同意你的理論是瘋狂的。我們的分歧在於它是否瘋狂到了足以有機會是正確的程度。

因為，民間科學家沒有真正的物理學家瘋狂。

---

① 愛因斯坦這句話曾在不止一個地方出現，包括I am enough of an artist to draw freely upon my imagination. Imagination is more important than knowledge. Knowledge is limited. Imagination encircles the world. -As quoted in「What Life Means to Einstein：An Interview by George Sylvester Viereck」in The Saturday Evening Post Vol. 202（26 October

1929）, p. 117。以及 I believe in intuition and inspiration. Imagination is more important than knowledge. For knowledge is limited, whereas imagination embraces the entire world, stimulating progress, giving birth to evolution. It is, strictly speaking, a real factor in scientific research. -Cosmic Religion：With Other Opinions and Aphorisms（1931）by Albert Einstein, p. 97; also in Transformation：Arts, Communication, Environment（1950）by Harry Holtzman, p. 138。這兩段話都沒有「想像力和知識是天敵」或者有任何此消彼長關係的意思。以上這個考證來自網友「Uvo」在我博客的評論，在此致謝！

② 參見鄭淵潔博客文章《請讓孩子輸在起跑線上》，http：//blog.sina.com.cn/s/blog_473abae60100g2mi.html

③ 鄭淵潔這篇文章的論點是一個孩子早期如果接觸過多的知識會把他給「練廢了」。我認為這個論點是錯的。累死在起跑線當然不對，但牛人是贏在起跑線的。

④ 關於武俠小說想像力的來源，孔慶東當年在的百家講壇講座介紹得很詳細。

思維密集度與牛人的反擊

　　看博客不如看報紙，看報紙不如看雜誌，看雜誌不如看書。凡是有這種思想的人，都是極度自私的人。

　　他們貪圖時間。驚險小說作家哈蘭‧科本（Harlan Coben）（在一本小說中）說，無法想像會有人去看那些記載博主衣食住行的博客。默多克坐擁新聞帝國，但他每天只看紐約時報和華爾街日報，而且只看頭版。《黑天鵝效應》作者塔雷伯（Nassim N. Taleb）在書中說，他已經決心再也不看報紙和雜誌，只看書了：因為新聞都是垃圾。我猜這些人是肯定不會去刷微信和臉書的了。

　　接受訊息的效率是可以量化的。本文提出一個概念，叫做「思維密集度」。比如一個人以正常的思維速度邊想邊說一個小時，那麼聽他說這一小時話所能得到的訊息的思維密集度就是1；然而寫文章就完全不同，它可能需要經過修改和潤色，一個小時寫出來的文章，可能別人5分鐘就看完了，那麼這篇文章的思維密集度就是12。

思維密集度＝
準備這個讀物需要的總時間／閱讀這個讀物需要的時間

　　寫一本好書可能需要作者從蒐集材料開始幾年甚至更多的時間，如果讀者兩個晚上看完，那麼這本書的思維密集度可能達到幾百。

　　顯然，看一個具有高思維密集度的東西是很令人竊喜的事情。一個電影從編劇到道具可能不知道投入了多少時間和金錢，而我邊吃飯邊看，看完直接刪除了。可以想像如果一本費勁寫出來的書不被出版，只有一個編輯隨手翻了15分鐘就扔進垃圾桶，作者在思維密集度的交易中的損失是多麼巨大。

　　我是一個相當無私的人，因為我每天至少有一兩個小時在網上看微博、軍事論壇和RSS閱讀器。為了獲得一點效率上的安慰，我把網上的文章進一步細分，並堅持認為博客文章的思維密集度應該高於論壇。

　　每個人的時間都一樣多，因此時間不是金錢。時間是圍棋：你走一手，牛人也走一手，牛人獲勝並不是因為他走得比你多，而是他每一手都走在最有價值的地方。執行這樣的效率，需要鋼鐵般的意志。誰能做到不看無聊的文章，誰能做到不去刷新網頁，誰能做到不看電視新聞？牛人都能做到。

　　我最近讀書的思維密集度較高，基本上都是英文的非小說。這些書絕非哪個文人閉門造車而成的，它們都十分精密嚴謹，後面往往附著很長的註記和參考文獻，作者做了大量

的背後工作。為了寫成這一本書，也許作者要閱讀十倍甚至百倍的材料，親自採訪相關人員，前往世界各地調查，這還不算書中的研究結果可能是數個團隊花費無數的時間和金錢才能取得。這樣一本書拿在手裡，簡直是覺得不把每個字都看過實在是對不起作者。

但很少有人會每個字都看。我們通常能把正文看完就不錯了，很少有人會去研究那些小字型的註記。表面上看，寫書的牛人應該只做最重要的事，可你考據出來的細節我根本不感興趣，我賺了。

然而事實是，很多細節都是牛人的秘書提供的。葛林斯潘寫《我們的新世界》（*The Age of Turbulence*），據說基本是在浴缸裡用鉛筆在卡片上完成，手稿都是濕漉漉的。馬凱碩（Mahbubani）在《亞半球大國崛起》（*The New Asian Hemisphere*）這本書的感謝部分透露了牛人寫書的寫法：他寫的時候只提供思想，句子中有大量的空白，留給秘書去補充具體數字和細節。湯馬斯‧佛里曼（Thomas Friedman）寫《世界是平的》，有一個秘書團隊支持。就連娛樂人物艾爾‧弗蘭肯（Al Franken）寫書諷刺美國政治，都有一個哈佛大學的研究生團隊為他工作。牛人負責用20%的時間完成一本書的80%，秘書用80%的時間去完成剩下的20%。在這場作者與讀者思維密集度的戰爭中，牛人仍然取勝。

我以前的老闆，在國家實驗室有個秘書。他不喜歡輸入公式，於是他手寫論文，秘書幫他變成Latex[①]，還順帶修改語法和拼寫。然而大多數人都沒秘書。這還不算科研論文的閱讀率

其實並不高，好在別人如果對你的工作感興趣，往往會讀得非常認真，閱讀速度比看報紙慢得多。再進一步自我安慰，也許只要所有讀者閱讀一篇論文的時間加起來超過作者寫這篇論文的時間，這篇論文就算贏了吧！

我寫這篇小文費時一小時，所以只要你閱讀此文的時間少於1小時，你就贏了思維密集度。鑒於有將近400人通過谷歌閱讀訂閱了這個博客②，只要你閱讀此文的時間超過10秒，我敢說我也贏了。

---

① 這是一種科學論文投稿的標準格式，如同程式語言，其實並不難，掌握之後輸入公式的速度可以非常快。
② 此文最早在2007年發表在天涯博客。

上網能避免淺薄嗎？

中國的成年人平均每天讀書的時間越來越短，2013年只有14.7分鐘，而上網的時間越來越長，超過34分鐘。如果你認為上網也是一種閱讀，我們總的閱讀時間是逐年增加的。但上網是一種非常特殊的閱讀。

一個典型的上網者通常同時開啟好幾個窗口，開著聊天工具，每隔一小段時間就查查電子郵件。他很少在任何一個網頁停留過多時間，頁面隨著滑鼠滾輪上下翻飛。相對於長篇大論，他更傾向於微博之類短小的訊息。據說，曾經有一個資深網民教一個新手怎麼使用瀏覽器，發現那個新手居然在讀一篇文章，他被激怒了：網頁是讀的嗎？是讓你點擊的！

現在已經沒人能看完《戰爭與和平》了。高質量的讀書要把自己沉浸在書中，有的地方反覆看，甚至還要記筆記。這種讀法似乎有點喪失自我，好像成了書本的奴隸。而上網則是一個居高臨下的姿態，我們游離在內容之外，面對眾多等著被「臨幸」的超連結想點哪篇隨心所欲。可是在尼古拉斯・卡爾（Nicholas Carr）的《網路讓我們變笨》（*The Shallows*）這本書看來，上網者才是真正的奴隸。相對於讀書，網路閱讀使

我們能記住的訊息更少，理解力和創造力下降，形成不了知識體系：網際網路把我們的大腦變淺薄了。

網路文本的特徵是有超連結。本來設計超連結是讓讀者可以隨時點擊相關內容，是更主動的閱讀，然而多個實驗發現效果恰恰相反。讀者傾向於毫無目的地點來點去，不但沒有加深對主題的理解，甚至記不住讀了什麼。在一個實驗中，受試者被分為兩個組，一組讀純文字檔案，一組讀有超連結的「超文本」。然後用所讀內容測試，超文本讀者的得分顯著低於純文字檔案讀者，而且文章中超連結越多，他們的得分就越差。這還不算在真實的上網中，一個人還要面對大量無關的連結，更不用說各種廣告對他的注意力的爭奪了。

為什麼超連結使閱讀效果變差？因為我們必須隨時對點與不點一個連結做決定。一個人讀書的時候調動的是大腦中負責語言、記憶力和視覺處理的區域；而對連結做決定則要時刻調動大腦的前額葉區，這是兩種完全不同的思維方式。實驗表明，網上衝浪可以增進做決策和解決問題的能力，這對老年人保持頭腦年輕有好處，但壞處則是犧牲了深度理解。神經科學家發現，網上閱讀從硬體層面改變了人的大腦。一個沒上過網的新手只要每天上網一小時，五天之後他的大腦結構就會發生可觀測的改變！

多媒體閱讀也未必是好事。在一個實驗中，受試者被要求閱讀一份關於馬利的資料。其中一組讀的是純文字檔案，另一組則在文本之外還有一份配合的聲像資料，可以隨意選擇播

放還是停止。在隨後的測試中，文本組在10道題中平均答對了7.04道，多媒體組只答對了5.98道。而且與直覺相反，文本組的人認為這份資料更有意思，更有教育意義，更容易理解，他們更喜歡這個資料。

多媒體、超連結、時不時蹦出來的聊天訊息和新郵件通知，還嚴重干擾記憶力。只有有意識的短期記憶，稱為工作記憶，才有可能被轉化為長期記憶。過去心理學家曾經認為人的工作記憶只能同時容納7條訊息，而最新的研究結果是最多只有2～4條。這樣有限的容量非常容易被無關訊息干擾導致過載。上網時分散的注意力，不停地為點還是不點做決定，都在阻礙我們把短期記憶升級為知識。

網上有些人只看標題就敢評論，根本還不知道文章說的是什麼。逐字逐句的讀書已經被快速掃瞄式的「讀網」取代。用小型攝像機跟蹤上網者的眼球運動表明，網上閱讀模式是個「F」形軌跡：他們會快速讀一下文章的前面兩三行，然後把網頁下拉，跳到文章中間再掃幾眼，然後就立即跑到結尾把目光停留在螢幕的左下角。大多數網頁被讀的時間不超過十秒，只有不到十分之一的網頁被讀超過兩分鐘。

既然是掃讀，深刻的內容就很難有競爭力。點擊排行榜上的文章大多是短小精悍的，配有精彩插圖，讓人會心一笑，有機智而無智慧。很多流行文章都是相同的幾個套路，沒有真正的新意。與書相比，網上的文章是膚淺的。

為什麼會出現這樣的局面？卡爾認為其根源在於網際網路這個技術。考察地圖、鐘錶和書籍技術對人類思維方式的影

響，會發現技術並不僅僅為思維服務，技術能改變思維。比如地圖就加強了人們抽象思維的能力。而網際網路這個技術是用各種小訊息去干擾人的思考。神經科學家梅策尼希（Michael Merzenich）說，多任務的閱讀方式是「訓練我們的大腦去為廢物分散注意力」。

更進一步，卡爾認為谷歌正在把網際網路向更膚淺推動。YouTube這樣的業務對谷歌來說只是為了給搜索引擎帶來流量、收集訊息，以及排擠潛在的競爭對手，對公司利潤幾乎沒有貢獻。谷歌的真正業務是搜索，利潤的絕對大頭是廣告。一個盯著螢幕看的用戶不會給它帶來任何廣告收入，你必須不停地搜索和點擊。正如其用戶體驗設計師艾琳尼・奧（Irene Au）所言，谷歌的核心戰略就是讓用戶快來快走，它做的一切都是為這個戰略服務。對谷歌來說，短而新的訊息可以帶來更多點擊，價值遠遠超過經典長篇大論，它把所有書籍上網，正是把整體的書變成一堆可搜索的簡訊息的集合。

不過，經濟學家泰勒・柯文（Tyler Cowen）則對膚淺訊息的流行有不同的解釋。在《達蜜經濟學》（*Create Your Own Economy*）一書中，他提出廉價必然導致低俗流行，是艾智化—艾倫（Alchian-Allen）定理的要求。這個定理說如果低品質蘋果和高品質蘋果同時漲價，那麼人們將更樂意買高品質蘋果，反正也要花很多錢還不如吃個好的。在通信和交通手段不發達的時代，出門看一場戲劇往往要花費很多時間和金錢，所以要看就看個經典的，而且戲劇往往很長。同樣道理，在中國發明紙張之前，竹簡是昂貴而費力的訊息載體，所以那時候的

書本本都是經典。

如果獲得訊息很容易，我們就會傾向於短小輕快的內容。這有一個心理學原因，那就是期待和嘗試的樂趣。比如說我們收到一個的禮品盒，開啟這個盒子的過程本身就是個很愉快的經歷，這就是為什麼有人愛看最新電子產品的開箱視頻。點開一個連結就如同開啟禮品盒，各種短小訊息構成了一股期待——嘗試——發現的快樂之泉，我們享受這源源不斷的小樂趣。另外，很多時候完成一個工作的樂趣集中在開始和結束，而不在漫長的中間過程，我們喜歡不斷地開始和不斷地結束。相對於一本600頁的書，我們可能更想讀兩本300頁的書。我們在網上追求能夠立即滿足的小刺激。

柯文認為多任務不是壞事。當處理短小訊息的時候，同時處理完幾個任務，比如說一邊看新聞一邊聊天，是高效的方式，而且人的多任務能力可以訓練。更重要的是，多任務工作可以讓我們對這些小事情保持興趣。柯文熱烈歡迎網際網路技術給人們帶來的種種方便。

在柯文看來，新技術的最重要特性是允許我們訂製自己接收的訊息。過去一張專輯裡的歌曲是出版者設定的；而現在每個人的播放器上都是自己選擇的歌曲。網上閱讀的要點在於選擇和過濾，我們應該學會訂閱特選的博客，訪問專門的論壇，從而排除無關訊息。

哪種人最善於對訊息訂製、整理和排序？有自閉症傾向的人。自閉症患者往往因為大腦的缺陷而缺少對情感交流的解讀

能力。對人情的不解反而使他們的思想保持冷靜客觀。他們把更多的精力投入到對特定訊息的收集、整理、分類和記憶中，是最極端的訊息愛好者。也許自閉症者不怎麼瞭解自己的鄰居，但他們往往對某個特定領域瞭如指掌。一個小男孩愛好火車時刻表，他可以整日在網上看時刻表。

有點輕微的自閉症傾向甚至可能是成為大師的先決條件。柯文列舉了很多可能有自閉症傾向的名人，包括牛頓、愛因斯坦、圖靈、愛迪生、亞當・斯密，甚至傑佛遜和莫扎特。柯文考證，從福爾摩斯特別注重細節而又不怎麼擅長處理人際關係這一點來看，他和柯南・道爾都有典型的自閉症症狀。更進一步，柯文認為現代教育正是要把學生往自閉症的思維方式上培養。

柯文沒有回答的問題是上網能徹底取代讀書嗎？收集並整理一大堆簡訊息能取代對成體系知識的學習嗎？顯然不能。大量的訊息不能自動帶來深度理解。很多自閉症患者對細節具有過目不忘的超強記憶力，他們甚至可以把一本多年以前看過的書背出來，卻不怎麼理解書的意思。柯文對閱讀膚淺化的擔心是合理的，上網不能取代讀書；而柯文的貢獻則在於如果我們上網，我們就應該用自閉症思維上網。

知識是有等級的。八卦新聞、實效性強的訊息、網友對時局的看法，本來就不值得印在紙上浪費樹木，在網上看看正好。掃讀網頁不見得是什麼毛病，相反，能夠以不同速度讀不同等級的內容是最有用的閱讀技術。

上網的關鍵態度是要成為網路的主人，而不做各種超連結的奴隸。高效率的上網應該像自閉症患者一樣具有很強的目的性，以我為主，不被無關訊息左右。就算是純粹為了娛樂上網也無可厚非，這時候讀得快就是優點。一個真正的智者不會讓上網占用讀書時間，他應該經常能夠平靜地深入思考，只有電話接線生才隨叫隨到。

高效「衝浪」的辦法

　　「新聞」是個聽起來相當正面的詞，看新聞代表關心時事，就好像是個正事兒似的。但閱讀新聞其實跟看電影和聽音樂一樣，通常是一種放鬆或娛樂活動。世界上的大事並非是按時間均勻分佈的，往往十天半月才出一件真正值得好好關注的新聞，但是媒體的新聞版卻必須每天都有，而且還要填滿固定的長度。所以事實是，大多數新聞都是雜訊。我通常一邊吃早飯一邊看新聞，這純粹是因為不看新聞的話，早飯時間就太無聊了。

　　娛樂和社會新聞不提，就算是正經的新聞，有時候也能讓人覺得時間過得不夠快。以2010年Google要退出中國這個事件為例，先是谷歌說因為受不了審查不幹了，然後「Google.cn」不審了，然後是「Google.cn」又審了，然後是谷歌不走了，然後是谷歌說還要談。可以想像，如果將來有人寫本書，其中把「Google.cn」的故事當個例子談，看那本書顯然比全程跟蹤這些新聞要有效率得多。這個例子也許在那本書中只占一個段落的篇幅[①]。有些比賽的確值得看現場直播，但有些比賽直接告訴我最後比分就行了。

　　網上的文章大多數都是雞肋訊息。這些訊息的價值不大卻都很有趣，吸引我們一條一條地讀過去，實際上等於被動上網。但另一方面，我們的確很關心一些事件的進展，而且擔心錯過真正值得仔細研讀的文章。怎麼辦呢？

　　我認為處理雞肋訊息，應該如同選拔超級女聲一樣。關鍵是要分階段，一層一層地選，不要試圖在第一輪就決定誰是冠軍。給每個前來報名的女孩機會，但初選的時候每人只有極短的表演時間。

　　時代週刊的書評欄，給新書評價等級的標記方法很有意思，不是評「好、中、壞」，而是按「值得怎麼讀」分類，三個等級是隨便翻翻（toss）、略讀（skim）、精讀（read）。

　　本文借鑑這個名目，提出一種高效看新聞和論壇博客文章的辦法。

第一步，隨便翻翻（toss）

　　看完一篇再看下一篇，一篇篇地讀下去，那是錯誤的做法。效率的首要關鍵是集中。我們最先做的不是讀新聞，而是挑選新聞。

　　在瀏覽器的書籤欄上建立一個文件夾，其中包括所有每天必去訪問的新聞站點和論壇。

　　選擇一個集中的時間專門看新聞。滑鼠右鍵點擊這個文件夾，選擇全部在標籤頁中開啟。然後瀏覽所有這些站點的標題。看到感興趣的就用滑鼠中鍵點擊，這麼點的好處是點中的文章會在新的標籤頁中開啟，這樣我們就不必離開當前的主頁

面了。

只點不讀，直到把所有要去的站點都瀏覽一遍，把所有想看的文章都點過為止。

據說，美國曾有一個很有名氣的女演員，當年參加海選的時候剛剛表演不到一分鐘就被評委叫停。她以為肯定落選了，差點自殺，事後才知道這是因為評委一看就知道她行，認為不必浪費時間了。同樣道理，如果我們一看某條新聞標題不行就直接跳過，也不必浪費時間。用一個相對比較低的門檻快速淘汰絕大部分候選者，這就是海選的要點。

集中的最大好處是讓各條新聞在一起互相競爭，就好像排隊選美一樣，好的文章容易突出，不行的文章很難因為偶然因素獲得點擊。

第二步，略讀（skim）

等到挑選出來要讀的這十幾或者幾十條新聞之後，一條一條地快速瀏覽其內容。這裡我比較喜歡用一個火狐（Firefox）瀏覽器附加元件，滑鼠手勢（FireGestures），允許使用滑鼠手勢關閉當前標籤頁，這麼做的好處是快，用滑鼠找頁頂的叉號是非常麻煩的事。給每條新聞一個極短的時間，大概掃視一遍就可以了，然後迅速關閉它。

這一步一定要追求快。看到值得仔細讀的文章也要先速讀，但要臨時保存下來。臨時保存文章推薦使用口袋Pocket附加元件[2]，把要細讀的文章網址點擊一下就自動保存下來，以後細看的時候會有一個文章列表，而且是「雲端運算」的，可

以跨機器使用。

完成了略讀（skim）這一步，就能把大部分雞肋訊息都處理掉。

一篇文章進入Pocket列表，就等於進入了超女前十名總決賽。這樣做的另一個好處是讓好文章有機會被讀兩遍，以加深印象。

第三步，精讀（read）

能夠進入這一步的文章已經非常有限了，每天只有那麼幾篇而已。找空閒時間把它們仔細讀完。Pocket的另一個好處是給了我們第二次集中選擇的機會。我常常等到Pocket列表中的文章列表積累了好幾頁才處理一次，這時候再看這些，文章其中有很多也不值得細讀了。

一旦發現內容真的好到了必須永久保存的程度，推薦使用Evernote線上保存，方便日後查找。更好的文章，甚至需要我們在Evernote中對它進行批註，加上自己的意見。

上述方法也適用於RSS閱讀器和手機上的各種閱讀工具。我拿到iPad之後感覺最大的好處就是看新聞的速度可以更快了。手指一劃就掃過一片，毫不吝惜。使用「toss-skim-read」方法，可以確保在比較短的時間內把所有想要知道的東西都知道，每天做過一次之後就再也不惦記新聞了。

這個方法長期使用還可以提高一個人的閱讀品味。你可能會發現越來越少有文章能有資格進入你的Pocket列表，而Ever-note中則更多的是你「主動上網」，自己搜索出來的資料。

　　我們必須明白一點：我們沒有任何義務去看任何一篇文章，哪怕是我們付費訂閱來的文章。你點擊它就是看得起它，文章的作者應該「感恩戴德」。如果我們居然下功夫仔細研讀這篇文章，那麼作者應該感到非常榮幸。我們的時間十分有限，實在不可能把這種榮幸賜予更多的作者。

　　這種先集中選擇再採取行動的辦法並不僅限於新聞閱讀，其實有更為廣泛的應用。諾貝爾經濟學獎得主丹尼爾‧康納曼在《快思慢想》一書中介紹了兩個著名的心理學概念：「窄框架」（narrow framing）和「寬框架」（broad framing）。所謂窄框架，就是遇到一個東西做一次決策，一事一議；而寬框架則是把所有東西都擺在桌面上集中選擇。

　　比如，你走在大街上突然有人向你宣傳一個慈善項目，讓你捐款。你一聽他說的這個項目的確應該支持，就把身上的錢都捐給了他。然而你走了幾步之後又有人拿另一個項目來向你募捐，你一聽這個項目似乎更應該支持，可是你這時候已經沒有錢了。這種方法就是窄框架。好東西很多，我們不可能都選。最好的辦法是使用寬框架思維，把所有需要你捐款的項目都擺在一起，你從中選出最值得支持的一個。

　　如果你買股票，你應該好好掌握寬框架方法。一支股票「好」，並不能構成你買它的充分理由。你必須把這支股票跟其他所有「好」股票放在一起集中考慮，選擇最值得買的那個。你還應該把它跟你現有的股票放在一起考慮風險控制，比如，你是不是已經擁有了太多網際網路概念的股票。我以前讀書習慣非常隨意，有時候花時間讀了爛書卻沒有及時讀好書。

現在，我把所有可能感興趣的書做成一個列表，每次要看新書的時候從列表中選擇最想讀的一本。如果找對象也能用寬框架就更好了──總之，寬框架是一種很好的決策方式。

---

① 最初寫作此文的時候，Google退出事件鬧得沸沸揚揚所有人都在討論，而現在可能已經無人記得。在你正在看的這本書裡，它的確只占一個段落的篇幅。而且你可能發現一個段落真的足夠了。
② 這個附加元件過去叫「Read It Later」，現在可以在各種平台包括手機上使用。

筆記本就是力量

達文西、錢鍾書和費米（Enrico Fermi），他們的共同點是什麼？他們都有一大堆筆記本。

記筆記，似乎不是一個特別酷的行為藝術。學校裡一般只有女生才會老老實實地記筆記。我的高中物理老師有一次說，他希望得到的最佳畢業禮物是我們工整的課堂筆記——這句話使他在我心中的形象大打折扣。把黑板上的東西老老實實地抄下來有什麼意義？本文不研究課堂筆記，我們關心的是能讓人獲得無上智慧和力量的筆記本。學者試煉這種筆記本，就如同魔獸世界裡的獵人培養自己的寵物一樣重要。

記筆記，是一個被動的行為。你現在甚至不用自己記，Evernote之類的工具可以讓你在幾次點擊之內記錄下任何需要記下來的訊息。但真正的好筆記卻是主動的，它不僅僅是對客觀事物的記錄，更是對自己思想的記錄。

達文西的筆記本乍看雜亂無章，上面全是各種似乎互不相干的心得、想法、實驗記錄和設計。但是達文西的筆記本卻是最值得後人讀的，他手畫的人體解剖圖甚至就是藝術品，他不經意間迸發出的精妙想法人們根本不知道他是怎麼

想到的。達文西筆記的唯一問題是沒有經過整理──因為他想法太多實在來不及整理──有人說如果他整理了，整個世界的科技可以提前三十年。錢鍾書不藏書，再好的書也是看完就順手送人。但他讀書幾乎必做筆記，讀書筆記永遠保留，隨時拿出來用。費米的筆記本更是一個傳奇。傳說，費米喜歡每週跟一大幫學生聚會，一般是讓一個學生提出某一方向的物理問題，然後費米就會找出自己在這方面的筆記──上面寫著這個問題的答案。一直到臨終之前，他仍然在試圖整理筆記本。

這些牛人的筆記本是他們大腦的延伸。如果人腦是電腦，筆記本的第一個作用就相當於不會丟失數據的硬碟。但筆記本的作用絕不僅限於儲存，它還能幫助我們思考。

可是，如果我們不是達文西，平時沒有什麼值得記載下來留給後人的奇思妙想，我們還需要記筆記嗎？僅僅把學到的知識儲存起來，這有多大意義呢？

過去有句話說「知識就是力量」，國內甚至曾經有一本雜誌以此命名。今天已經很少有人說這句話了，人們總在歌頌似乎已經囊括了一切知識的網際網路，鄙視學校裡任何形式的死記硬背，認為上網搜索的能力才是力量。但事實是善於使用搜索引擎，再加上善於使用各種「知識管理軟體」，根本就不是什麼了不起的能力。你可以搜索從A地到B地怎麼走，但你能搜索下一步棋應該怎麼走嗎？你能搜索一部小說的下一章應該怎麼寫嗎？這些事情需要你對已有知識靈活的應用，而不僅僅

是直接把參數代入公式。高級的知識體系需要一個人不斷地摸索總結，甚至直接為其內容做出貢獻，才能逐漸掌握。如果你的全部知識都可以在網上搜索到，你憑什麼拿比農民工高好幾倍的工資？

哪怕有一天維基百科、百度知道再加上人工智慧可以向我們提供所有問題的答案，它們仍然不能取代人腦中真正的知識。這是因為真正的知識是分層的。你必須完全理解基礎的一層，才能談得上去看懂上面的一層。如果你沒學過微積分，就算有人把人類歷史上廣義相對論的全部文本擺在你面前也沒用。知識，不能僅僅機械地「存」在你的腦子裡，而必須以一種個性化的結構「長」在你的腦子裡。通過個人筆記本來不斷總結自己個性化的理解，恰恰可以幫助我們「長」知識。

我學物理的時候記了不少筆記，但我記的不是老師在黑板上寫的內容，而是自己對這一門知識的整理。我完全拋開課本和老師的講述順序，而使用邏輯順序重新歸納要點。這種筆記的關鍵是抓住重點，而細枝末節都能被自然而然地推導出來，這樣自然就把一本書從厚讀到薄。你還要寫上自己的心得、靈感、其他書對同樣問題的補充、同一個知識的其他應用，等等，如此再把書從薄讀到厚。我會在筆記本中故意留下一點空白以便將來批註。它們最後往往佈滿不同顏色和大小的字。

理解知識需要筆記，使用知識也需要筆記。有人錯誤地認為人腦就如同電腦的中央處理器（CPU）和記憶體，講究越快越好，而硬碟的大小對於計算的性能來說無關緊要。這種

人需要想想為什麼電腦下圍棋贏不了人。

　　早期的能下圍棋的電腦程序是這麼設計的：我「遍歷」所有可能的走法，然後對每一種走法我再「遍歷」所有你可能的應對，然後我再「遍歷」對你的每一種應對的所有可能的應對……其間，我對每一個局面判斷優劣。人無法做到這一點，這樣一來電腦就可以憑藉其計算速度取勝。但事實結果是這樣的電腦根本不是人類棋手的對手，因為這種演算法發散得太厲害。也許一台超級電腦能這樣算出去十幾步——最好的電腦也無法算得更多了——可是最後還是人類取勝。（編注：AlphaGo在2016年正式擊敗人類。）

　　因為職業棋手不是這麼下棋的。如果你訪問那些最頂尖的象棋高手，會發現他們並不比一般的職業高手能算出更多步。象棋大師的計算並不比一般選手強，他們只是象棋知識多。在職業棋手眼中，象棋是一門語言，定勢就如同詩句。為什麼高手可以跟幾十個人下「盲棋」而不必擔心記不住局面？因為在普通人（和早年的電腦下棋程式）看來，棋盤上的棋子是一個一個的；而在大師看來，棋子是一塊一塊的。事實上，有實驗證明，如果是實戰殘局，大師的記憶力比普通人高得多；而如果是隨機擺放的棋子，大師的記憶力與普通人一樣。普通人記的是字母，大師記的是詞彙和段落。現在的下象棋程序，比如「深藍」（1997年IBM超級電腦，以3.5：2.5成績戰勝西洋棋冠軍卡斯帕羅夫），其之所以成功，就在於它也學會用定勢來思考了。為什麼再牛的大師也要每天打譜？因為下棋比的不是計算速度，而是棋的知識。

　　從某種意義上講，他們比的是對棋譜的記憶。英語有個詞，叫做「playbook」，它經常在談論美式足球和炒股的文章中出現。Playbook有點類似於棋譜，但更是一種非常個人化的戰術筆記。到場上遇到這種局面時我們怎麼打，以前做過什麼特別漂亮的交易，都要記在自己的playbook之中，隨時總結和調整。

　　真正的專家，都有自己的一整套知識體系。這套體系就如同長在他們心中的一棵不斷生枝長葉的樹，又如同一張隨時變大變複雜的網。每當有新的知識進來，他們都知道該把這個知識放到體系的什麼位置上去。有人管這套體系叫做心智模式（mental model），有人管它叫矩陣（matrix）。有了這套體系，你才可能對相關事務做出出神入化的「眨眼判斷」，而不是靠什麼「靈感」或者「直覺」。

　　普通人把魚按形狀分類，而一個有知識體系的漁民則把魚按巡遊習慣和商業價值分類。真正懂音樂的人聽貝多芬歌曲要聽很多種不同版本，有知識體系的油漆工可以識別16種不同的白色。新手級別的消防隊員只看到火，而有知識體系的老消防隊員看到的是一個有起因、有發展、有結局的故事。有知識體系的科學家，一眼就能看出什麼方向重要，什麼不重要。想要做到這點，一個最基本的功夫是知道這個領域內都有誰，他們現在都在做什麼。首先得多看論文，其次要去參加各種會議。剛開始念研究生的時候，我把看過的物理論文按內容加標籤，而現在我一律按照作者名字加標籤。你跟我提一篇物理論文，

我不記得這篇文章的標題是什麼，但我能記得它的作者是誰，哪年發表的。

所以，記筆記的最直接目的是為了形成自己的知識體系，改變自己看事物的眼光。

最基本的筆記是讀書筆記。我們看楊絳怎麼描寫錢鍾書做讀書筆記[①]的習慣的，在《錢鍾書手稿集》的序言中，楊絳先生寫道：

> 他做筆記的習慣是在牛津大學圖書館（Bodleian——他譯為飽蠹樓）讀書時養成的。因為飽蠹樓的圖書向例不外借。到那裡去讀書，只准攜帶筆記本和鉛筆，書上不准留下任何痕跡，只能邊讀邊記。

也許這僅僅是錢鍾書最初記筆記的情形，但我們可以想見錢鍾書記筆記絕對不是因為圖書館的書不外借。楊絳這篇文章告訴了我們錢鍾書記筆記的情形：

- 他做一遍筆記的時間，約莫是讀這本書的一倍；
- 借的書還掉，買的書送人，只有筆記永遠保存；
- 外文筆記共有178冊，中文筆記與此數量相當；
- 凡讀書筆記，必有書目和重要的版本以及原文的頁數，論文筆記則記下刊物出版時間（這樣顯然可以方便日後寫作時引用）；
- 筆記之外，還有「日札」，是自己平時的心得體會。

　　今天我們看錢鍾書的書，每個人都會感慨他在完全沒有電腦檢索系統的時代，到底是怎麼做到能夠在文章中旁徵博引到那樣的地步的，這是一種什麼量級的博聞強記！我想答案就在那數百本筆記之中。李敖也做筆記，不過他的筆記系統可能比較簡單粗暴，他直接把書上有用的部分撕下來貼在自己的剪貼本上。因為有些書頁正反兩面都有有用的，他每次買書都買兩本。

　　我讀到好書，也會做點讀書筆記。往往是到寫讀書筆記的時候，才發現很多讀第一遍沒有讀出來的意思。寫筆記，要把一本書融會貫通，要記下自己的感想，甚至要跟作者對話，這個工作非常不簡單。如果有空閒的讀書時間，我有三件事可以選擇：讀一本新書、寫篇文章、寫讀書筆記。其中我最不願意做的事情就是寫讀書筆記，這是最高強度的腦力勞動。相比之下，反倒是科研筆記[2]更容易寫。

　　筆記系統的一個附帶好處是它可以幫我們把新的知識跟自己已有的知識聯繫起來。一般人善於發現新事物的不同點，而真正的高手則善於發現共同點。一旦發現新知識和已有知識的共同點，這個知識就徹底「長」在我們身上了。而且這樣帶來的類比和聯想，特別能刺激創造性思維。好的筆記管理軟體，比如DEVONthink和Evernote，都有自動的「發現類似筆記」功能，其中DEVONthink還號稱是用了一個人工智慧系統來做這件事。這個功能經常能給我帶來驚喜。

　　世界上有很多藏書和愛書的人，他們買本書就精心包上書

皮供起來。而真正的高手只藏筆記。把一本書買回來放在書架上，不等於擁有這本書。把PDF文件存入硬碟確保能夠被搜索到，不等於擁有這個文件。把好文章收入Evernote，不等於擁有這篇文章。只有你把它們全部拆開、撕碎，再重新組合成你自己的東西，它們才真正屬於你。

我們要做的就是「吃進」很多訊息，然後生產筆記本。

---

① 楊絳《錢鍾書是怎麼做讓讀書筆記的》（來自《錢鍾書手稿集》序），此文非常值得一讀，在http://news.xinhuanet.com/book/2004-03/10/content_1356401.htm

② 我使用的科研筆記工具是TiddlyWiki，本文暫不討論。

用強力研讀書

　　武俠小說常常把武林高手描寫成能夠以一當十甚至以一當百的人物，但事實是一個人再怎麼練武也不能變成坦克。在真實世界中，即使你武功再高，我擺個十人槍陣——不用機關槍，就是古代的那種三四米長的冷兵器長槍——也能輕易地把你殺死。但是一個人的見識卻可以達到以一當百或者更高的境界。一個真正有學問的人，他的「內力」之高，你上再多俗人也沒用。

　　跑步和練武對人身體素質的提高都非常有限，讀書卻可以極大幅度地提升人的思想內力。這種內力是對世界的理解和見識。

　　讀書的目的是獲得見識以及學習高水平的思維方法。這個世界經常會發生一些有意思的事情，它們令很多人興奮，迷惑，或憤怒，而大多數人只會在新聞網頁的評論中發洩自己的情緒。如果你讀過這方面的書，也許就會指出：第一，這件事其實沒什麼，我知道比這個更好／更壞／更怪的事；第二，那個所謂專家說的意見屬於X流派，而學術界對這派有很大的爭議，其實他們已經過時了，比如獲得某年諾貝爾經濟學獎的Y

理論，就是個更好的理論；第三，我估計此事將會向某個方向發展。著名經濟學作者提姆・哈福特（Tim Harford）出過一本《親愛的臥底經濟學家》（Dear Undercover Economist），這是他在《金融時報》答覆讀者提問的短篇合集，其中每一篇文章都是這樣的套路。有學問跟沒學問是很不一樣的。

即使不想當專欄作家，做一個有學問的人總是有用的。當沒學問的人大驚小怪的時候，有學問的人可以見怪不怪；當沒學問的人視若無睹的時候，有學問的人卻可以見微知著。

從讀書的角度看，世界上有兩種人。

一種人讀書是為了掌握技能，通過各類考試，或者純粹是為了娛樂。另一種人讀書卻是為了提升自己的內力。這兩種人最初的「智力」水平未必有多大差別，但是假以時日，他們的「智慧」水平將會有天壤之別。只有後一種人，才配被稱為「讀書人」。

這裡我想談談「讀書人」應該怎麼讀書。

我國最暢銷的圖書類型是各種教學參考書和考試輔導書，它們不算書。金庸、瓊瑤的小說當然得算書，但看這種書不值得講究什麼技術。我們專門研究怎麼讀那些看完之後能夠加深自己對某一領域的理解，能夠獲得一種智慧上升的感覺（哪怕是錯覺）的非小說類的書。

這種書有三個基本事實。

第一，大多數人不看這種書；他們不是讀書人。

第二，如果真看了的，其中大多數人沒有看完。

　　在亞馬遜買Kindle版的電子書後，你可以看到別的讀者在書上畫的最流行的重點。Kindle允許你在讀書的時候在認為是重點的語句上畫線，而亞馬遜會把畫線比較多的語句在書中標記出來。我看了很多非小說類的書，其中的規律是絕大多數流行重點出現在前兩章。而書的四分之一以後，就基本上看不到重點標記了。難道這些書的後面都沒有重點值得畫了嗎？答案顯然是大多數人對大多數書都只看了四分之一就不看了[①]。2014年華爾街日報上一篇文章[②]使用統計Kindle上重點句子的方法發現，大多數讀者讀《時間簡史》只讀到了6.6%，讀《快思慢想》只讀到了6.8%，而讀被視為近年來最重要經濟學著作的《二十一世紀資本論》，則只讀到2.4%，儘管這本是當前亞馬遜上最暢銷的書。愛買書的人不一定真讀書，很多人只不過是愛藏書而已。

　　第三，即使看完了的，其中大多數人沒有看懂。

　　我就舉哈福特的成名作《誰賺走了你的咖啡錢》（Under-cover Economist）這本書做個例子。在我寫此文的最初版本時候[③]，此書在豆瓣有三個頁面，其中只有中文版頁面有不算灌水的讀者書評。在豆瓣上的6篇熱門評論中，最熱的一篇，「子不曰」的《撕開面皮給你看》，談到了書中說的星巴克咖啡和超市搞亂價格現象；第二篇的題目就是此書的標題，內容不是讀書心得，而更像是給書做的廣告；第三篇《真實世界經濟學》，提到星巴克，然後不知為何開始談另一本講經濟學的書和自己讀經濟學讀物的過程；第四篇，談到星巴克、房價、超市定價和大學生的火車票。讀這些書評，似乎《誰賺走了你

的咖啡錢》是一本講述生活中的經濟小故事的漫談。

　　但這本書並不是純粹漫無邊際的瞎侃。它的觀點相當鮮明，主題很突出。此書反覆強調一個概念——「稀缺」。第一章寫星巴克賣咖啡的例子，為的是指出沒有稀缺就不可能賺錢。第二章寫有了稀缺你也未必能賺到很多錢：哪怕附近只有你一家超市，顧客也未必會在你這裡花很多錢買東西。你必須使用一系列的手段，甚至詭計，來讓人掏錢。最典型的辦法是對顧客實行區別定價。第三章到第五章寫經濟學家為什麼喜歡市場，因為市場調節可以自動把稀缺的東西變得不那麼稀缺！然後談到市場為什麼有時候會失靈。政府的有些政策，表面上為了公平，但客觀上是促進了稀缺，比如說不讓優質小學的入學市場化。第六章指出像亞馬遜這樣的公司並沒有真正意義上的稀缺力量。第七章到第十章則是前面這些理論在當前熱點問題中的應用。

　　如果我們看完這本書只記住兩個字的話，這兩個字應該是「稀缺」。但是看看排在前四名的豆瓣書評，竟然沒有一篇提到「稀缺」這個詞！如果你只看這四篇書評，你記住的兩個字是「咖啡」。而星巴克怎麼賣咖啡，其實是該書前四頁說的事情。

　　用這種讀法就算再讀15本講經濟學的書，也學不會用經濟學家的眼光去看世界，得到的只不過是一大堆飯桌上的小段子而已。等到下次聽專家說話，感覺還是似曾相識，可自己又說不出來。

　　所以，讀書這件事沒那麼簡單，它也需要技術。有會讀

的，有不會讀的，不是愛讀就行。

有很多人總結過讀書的技術。總結得最好的大概是名著《如何閱讀一本書》[4]。現在在網上可以找到很多關於這本書中閱讀技巧的筆記總結。在我看來，此書最牛的地方並不在於任何特殊的技術，而是一種精神。這種精神認為閱讀有三個檔次：為了娛樂而讀，為了訊息而讀和為了理解而讀。首先，只有為了理解某個我們原來不懂的東西而讀書，才值得認真對待。其次，讀書應該以我為主，而不是以書為主。此書作者說，世界上值得反覆閱讀的書不超過一百本（並在書後列舉了這一百本書），其他所有的書基本上讀完就可以扔了。凡是真能做到以這樣的精神去讀書的人都是真正的精神貴族，他們與那些藏書的書蟲完全不同。《如何閱讀一本書》幾乎是手把手地教給讀者一套細緻的讀書方法，不厭其煩，以致於很多讀者迷失在這些方法的細節之中。然而有諷刺意味的是，我看了很多人們對《如何閱讀一本書》這本書做的筆記，這些筆記大都未能把握這種高級的閱讀精神。

強力研讀

本書在《如何閱讀一本書》的基礎上，提倡一種高強度的讀書方法，稱之為「強力研讀」。與《如何閱讀一本書》中按部就班的，煩瑣的固定套路不同，我們的「強力研讀」更像是一種態度和心法。其實我很想給此文起一個英文標題，叫做 Deep Reading（深度閱讀），以與最近心理學家們談論的訓練天才的新成果，「刻意練習」（*deliberate practice，deep prac-*

tice），相呼應。

「強力研讀」並不是為了讀《廣義相對論》之類的專業著作，它面向的對象就是《誰賺走了你的咖啡錢》之類寫給非專業讀者的非小說類書籍。稱為「強力」，是因為它追求閱讀的深度和效率，力圖能在一本書中挖掘到最大限度的收穫。我曾經聽過一個笑話，說我們是怎麼向別人學習的呢？我們就如同小偷一樣到別人家裡把除了廚房水槽之外的所有東西都搬走了——然後我們回過頭去把廚房水槽也搬走了。我們就要用這樣的精神去讀一本書！

強力研讀跟「刻意練習」⑤有三個共同點：

第一，不好玩。世界冠軍培訓基地沒有「寓教於樂」這個概念。「強力研讀」不是為了娛樂和休息，而是用非常嚴肅認真的態度，非得把一本書融會貫通以致於「長」在自己的大腦裡不可。這種讀法相當累。我認為寫讀書筆記是一個非常正經的工作。

第二，用時少。就如同在那種專門培養天才的最好的音樂學校裡，孩子們每天真正練琴的時間絕對不超過2個小時一樣。沒人能長時間堅持那樣的強度，而沒有強度的訓練還不如不練。你可能每天花很多時間閱讀，但你很難做到用很多的時間強力研讀。要把精力充沛而又不受打擾的時間段留給最好的書。

第三，不追求快。很多讀書方法教人怎麼用最快的速度讀完一本書，而那些有必要快速讀完的書根本不配讓我們讀。讀書的一個關鍵技術在於對不同的讀物採取不同的閱讀速度。娛

樂性的小說，純粹訊息性的新聞，讀得越快越好。而對於處在我們的「學習區」內的好書，則應該慢慢地仔細讀。把一本書快速讀完，就好像把一首曲子快速彈完一樣，這不是練琴，這是為了完成練琴任務。讀書人的一個祕密就是，讀得慢，吸收知識和增長內力的效率會更高。據說失讀症患者之所以特別容易出人才就是因為他們讀得慢[6]。

以下是強力研讀的具體做法，它的核心技術是讀書筆記。

新書要讀兩遍

一本書應該被讀兩遍，而且只讀兩遍。好書讀一遍你不可能掌握到精要，反過來說如果一遍就夠了，那這本書也不值得強力研讀。我們說的思想類書籍，不是什麼學術著作，所以再好也沒必要讀三遍。兩遍正好。而且最有效率的辦法是讀完一遍馬上再讀一遍。

第一遍是正常通讀，只要放鬆地欣賞作者的精妙思想和有趣故事即可。不要追求讀得快，值得時不時停下來思考一下的書才是好書。

在讀第二遍的同時寫下讀書筆記。這時候就不要每個字都讀了，書中作為例子的故事大可跳過，要專注於思想脈絡。讀一章，記一章筆記，直至讀完。然後這本書就可以束之高閣，甚至直接扔了。

什麼是好的讀書筆記？

讀書筆記的一個重大作用是為自己日後以最快速度重溫這

本書提供方便，直接看筆記就可以。還有別的好書等著我們去讀呢，所以筆記最好要寫到可以取代原書的程度。

我看過很多平庸的筆記，有些就如同小學生給課文概況中心思想和段落大意一樣。網上有很多人用畫「心智圖」的方法來做讀書筆記，這種方法的意義也不大。流水賬式的讀書筆記就好像用胸圍、臀圍、腰圍這三個數字來描寫一名美女一樣無趣。

強力研讀要求讀書筆記必須包括四方面的內容：

1. 清晰地表現每一章的邏輯脈絡；
2. 帶走書中所有的亮點；
3. 有大量的自己的看法和心得；
4. 發現這本書和以前讀過的其他書或文章的聯繫。

許多人的筆記只有摘要概括。能做到第一點，找到邏輯脈絡，就已經算是優秀筆記了。我只看到過極少的人偶爾在筆記中插入書中亮點。至於後面這兩點，能做到的更是鳳毛麟角。但是只有做到全部四點，你才能把一本書的效用發揮到最大。你會發現這個回報是巨大的。

我習慣完全按照原書的章節給讀書筆記劃分章節，甚至保留各章的標題。在每一章的開頭，用自己的話寫下這一章作者到底想說什麼，各章穿起來就形成了系統──不過，這種內容提要並不重要。

重要的是一定要能看出作者的邏輯脈絡。大多數人之所以

沒有真正地理解一本書，就是因為看不到這個脈絡。每一章的邏輯結構如果真寫出來也許只有幾句話，可是這幾句話卻常常是分佈在好幾十頁之中。善於寫書的作者往往會在書中收錄大量引人入勝的小故事（包括科研案例、歷史典故和名人軼事），只有把這些小故事串起來我們才能明白作者到底在說什麼。單獨看其中的一個故事，每個人都會對這個故事有不同的解讀。然而這個故事在書中的作用卻往往會被人忽略，最後只記住了小故事這棵樹木，而看不到它們組成的森林。

現代人喜歡小段子，往往能記住作者講的笑話而忘了作者的本意。在美國歷史上，沒有電視、沒有網路、更沒有微博的「印刷機時代」，史蒂芬・道格拉斯（他曾經跟林肯競爭過美國總統，還競爭過老婆，最後都失敗了）曾經跟林肯有過連續7場的著名辯論。道格拉斯口才極好，常出妙語，但是他告誡聽眾不要為妙語鼓掌。《娛樂至死》這本書是這麼說的：

> 道格拉斯甚至批評他的聽眾，說他需要的是聽眾的理解而不是激情，說他的聽眾應該是沉思默想的讀者才好……閱讀要求的是理性思考。一個好的讀者不會因為偶然發現了什麼警句妙語而欣喜若狂或情不自禁地鼓掌——一個忙於分析的讀者恐怕無暇顧及這些。

我們小時候學習的那些「中國古代寓言」，就是從古書中提出來的小故事，而我們對這些寓言的解讀往往背離古人寫書

時的本意。我們記住了故事卻忘記了文章。所以，讀書筆記的第一作用就是拋開故事記住文章。讓一本書從厚變薄，從具體的山川景色變成抽象的地圖。只有當你跳出字裡行間，以居高臨下的姿態俯視全書，它的脈絡才能變得清晰。看清楚以後，不要抄作者的話，用自己的語言把這個脈絡寫出來，就好像畫地圖一樣。

但是如果一個小故事實在是很好，我們也得把它留下。好的讀書筆記是不均勻分佈的。記筆記，是我聽說了一個想法之後很激動，必須把這個想法記下來據為己有的行為。除了邏輯脈絡之外，如果發現真正好的小故事——我們稱之為「亮點」——那麼就把這個故事也給寫下來，甚至具體到細節。一方面，以後萬一要寫文章，從筆記裡翻出來就可以用。更重要的是，這些故事將會反覆地在我們的大腦中出現，它們用各種出其不意的方式左右我們的思想，直至改變我們對世界的認識。你不得不承認有些段子的生命力就是比其原來的文章更長，以致於最後成為典故。

我用Kindle看其他人對一本書畫的重點語句，發現這些語句大都是總結式的，就好像小學生在課文裡發現的重點句一樣，它們通常是段落的第一句或者最後一句。真正的高手讀書不能用這種線性讀法，而應該是「一驚一咋」的。作者的哪句話是令人拍案叫絕的？哪句話是一語驚醒夢中人的？應該把這樣的東西突出記下來。我有時候聽鳳凰衛視的《開卷八分鐘》，這是一個向觀眾介紹書的電視欄目。我發現其他幾個主

持人往往傾向於在節目中系統地介紹一本書的內容框架，而梁文道則總能在一本書中找到幾個單獨的亮點，常常拿出一兩個意味深長的故事給觀眾，讓人能夠體會到原書作者的個性。讀書筆記得有這個效果。讀書，在某種程度上就是在尋找能夠刺激自己思維的那些亮點。我們在分析脈絡的時候要忽略故事，分析完脈絡再把故事帶走[7]。

強力研讀是一種主動的讀書方法。要在筆記中寫下自己對此書的評論，好像跟作者對話一樣。我現在的統一做法是把自己的評論全部放在方括號「【　】」中，將來翻閱的時候哪些是書裡的，哪些是自己的一目瞭然。

藏書人認為書的乾淨最重要，所以他們不看書；低水平的讀書人會在看完的書上畫滿了重點線；而高水平的讀書人會在看完的書上寫滿了批註。歷史上，牛人讀書都喜歡在書頁的空白處批註。據說人們一般不愛把書借給毛澤東看，因為他看完之後別人沒法看了，書上密密麻麻的全是他的批註。

你不可能對說得好的一段話無動於衷。你可以寫下自己對這件事的理解，你還可以寫下對作者的質疑或肯定。更高級的批註則是寫下自己因為看到這段文字而產生的靈感。一本好書的每一章都能讓人迸發出十個以上的靈感。也許它突然就解決了你之前一直關注的問題——儘管這個問題看似與此書無關；也許你會想把作者的理論往前推一步。這些想法未必都有用，但是都非常寶貴，因為如果你不馬上記下來，它們很快就會被忘記。也許多年以後翻閱筆記的時候你會覺得自己的心得靈感比原書更有價值。

當你讀過的書多到一定程度，你就會發現書與書之間是存在聯繫的。尤其是現代人寫的書，極少有一本書的思想完全獨立於世界，真正新的知識往往都是建立在舊的知識之上。這個問題別的書是怎麼說的？有沒有更新的證據支持或反對這個結論？要找到它們的共同點和不同點。一個真正善於主動讀書的人對這種聯繫是非常敏感的。我現在使用Evernote來整理讀書筆記，這個工具可以把每一份筆記都生成一個可供別的筆記直接點擊和引用的連結。我的筆記中經常出現這樣的連結，用於指出書與書之間的聯繫。

小時候，我們都曾經有一段時間對新詞彙非常敏感。比如你可能從電視上聽說一個成語，即使你不能確定這個成語的準確意思，但你還是覺得這個詞很好。結果在接下來的幾個月甚至幾天之中，你又多次遇到這個成語！你可能會奇怪怎麼以前沒注意到它，難道這個詞最近專門愛找你嗎？一個讀書人對新的知識就能保持這樣的敏感。你一旦發現一個有意思的新課題並且讀了這方面的書，你就會主動或者被動地多次與這個課題相遇。你剛放下這本書，一上網又看到一篇這方面的文章。過幾天你開啟手機又發現微博上有人正在討論它。這時候你應該怎麼辦？開啟Evernote整理一份這方面的筆記！

如果你讀得足夠多，你會獲得一種更難得的經歷：感受人類知識的進步。你會發現一個問題在這本書裡是這個說法，而過了幾年之後有人另寫一本書，引用更有力的證據，把整個結論給改變了。有時候你會贊同這個新結論，有時候

你會反對。有時候你必須從幾本書的幾個不同結論中判斷哪個才是最靠譜的。有時候你會覺得他們說的其實都不對，只有你知道正確答案。到了這個層次，你已經跟書的作者完全平等了。你甚至可以俯視他們，評判他們之間的高下。這時候你又應該怎麼辦？寫篇文章發表出來！

　　好書之所以要讀兩遍，最重要的目的就是為了這些心得、靈感和聯繫。對一本講我們不太熟悉的領域的書，在第一次讀的時候，我們往往會陷入作者的思想之中，我們大腦的全部頻寬都被用於理解作者的思想，而沒有更多的餘地去產生別的想法了。「幽默是智力過剩的體現」，想法也只在頻寬過剩的時候才會冒出來。只有當你讀第二遍的時候，你才能氣定神閒地發表意見。第一遍讀是為了陷進去，第二遍讀是為了跳出來。

　　記筆記是對一本好書最大的敬意。讀書筆記是一種非常個性化的寫作，是個人知識的延伸。它不是書評，它完全是寫給自己而不是為了公開發表的——可以完全專注於意思，而不必關心文筆。雖是這樣，閱讀別人寫得好的讀書筆記仍然是一種樂趣，而且直接讀筆記可以節省大量的閱讀時間（豆瓣網有個專門的系統讓讀者分享筆記）。

　　如果做不到強力研讀的筆記標準，隨便做個一般水平的讀書筆記對自己也有幫助，最起碼能加深記憶力。曾經有一個研究[8]，讓受試者閱讀一篇科學類文章，然後分三組：第一組多讀幾遍，第二組針對此文畫個「概念圖」，第三組用

十分鐘時間寫篇相關文章。一週以後測試，結果發現：寫文章的這組記憶的成果，甚至這時候再讓他們畫概念圖的成果，都勝過其他兩組。畫概念圖的效果甚至還不如多讀幾遍。所以「眼過千遍不如手過一遍」這句話是對的，而且用心智圖做筆記真的沒用。

電子書

我們前面說過，讀得慢，效果才好。慢不一定是主動的，如果閱讀介質有問題——比如字型的太小，有些字詞看不清或者不認識——它們將強迫你慢下來，就是這樣也有一樣的好效果。有實驗表明，當考試試卷印刷效果很差的時候，學生反而能更認真地對待試題而減少錯誤。

可能是因為更美觀，可能是因為拿在手裡感覺更莊重更正式，也可能是因為紙張的成本高造成文字價值也高的錯覺，一般人看紙質書的速度比看電子書慢。Kindle、iPad和手機上的各種電子閱讀器，把閱讀體驗變得無比廉價和方便，簡直是鼓勵人們快讀。人們通常認為看紙質書比看電子書好。實際上，我們即使在網上看到好文章有時候也愛列印下來仔細研讀。修改自己寫的論文，更要進行多次列印。關鍵是印在紙上的實體文字似乎更能刺激大腦神經，讓我們以更加積極的態度閱讀。

但電子書也有電子書的好處。對我來說電子閱讀器最重要的好處是可以自動抽取你的批註和你在書中畫的重點。Kindle、iBooks和GoodReader都有這樣的功能，抽取出來的內容可以直接存為一個文件，你只要直接對這個文件進行整理就得到

了讀書筆記，而不必隨時**翻**書了。

讀電子書一定要多批註，不要浪費那無限的空白處。如果費馬當初讀的是一本電子書，他大概就不會因為書的空白處太小寫不下而不給出費馬最後定理的證明了吧。電子書發展的一個可能方向是把閱讀社交化，Kindle上現在可以顯示被讀者高亮最多的句子，也許將來可以顯示每句話上每個讀者的批註。

讀書人的武功

世界上有很多比讀書重要的事。在做事和讀書之間，做事優先。但讀書是除實踐外迅速積累見識的最好辦法。在電視出現以前，人們無事可做的時候最主要的活動就是讀書。現代人因為有洗衣機、洗碗機這些自動化設備，每天空閒時間比過去多得多，可是人們把大部分認知剩餘都奉獻給電視了。而電視這個東西從根本上就是面向儘可能多的大眾的，就如同廣場上的集體舞。讀書人不屑於廣場舞，我們追求的是武功。

強力研讀要求慢讀，但是我們知道很多著名的讀書人的讀書速度卻都很快，這是為什麼呢？這就是武功。他們讀得快，是因為對他們來說一般的書裡，新東西已經非常有限了。

我最佩服的讀書人是經濟學家泰勒・柯文（Tyler Cowen）⑨。柯文是一位「著名」經濟學家，他在各大報刊發表對當前經濟問題的看法，寫過很多書。但更著名的也許是他讀書的速度！他一晚上能看好幾本書。親眼目睹他看書的人都會產生一種特別敬畏的情緒：**翻**書速度非常快，他看一頁書的速度幾乎是別人看一個標題的速度。你可能會覺得這麼看肯定沒看

進去什麼，但是我整天在看他的博客，我可以負責地說：他的確知道讀過的每本書的關鍵之處。

柯文的祕密是什麼？他專門寫過一篇文章[10]來回答這個問題。他說，

The best way to read quickly is to read lots. And lots. And to have started a long time ago. Then maybe you know what is coming in the current book.

關鍵是你之前已經讀過很多，很多書。而且你必須很久以前就開始讀書了。這樣當你讀眼前這本新書的時候，你可以在相當的程度上預計作者在說什麼。也許一個故事他剛開個頭你就知道結局，也許很多理論你早就知道而不必再聽作者講一遍。你可以快速跳過很多基本內容，直達作者的新思想。真正資深的讀者，讀同一領域內的書肯定是越讀越快。他們能夠一眼就發現新的東西，抓住重點，知道這本書在這一領域內是個什麼位置，做出了什麼新貢獻。

一般人都是讀小說比較快，讀非小說因為總要停下來所以讀得比較慢。但柯文讀非小說的速度比讀小說快！因為非小說的內容可以跳，而小說情節沒法跳，跳過去就沒意思了。柯文還傾向於看紙質的非小說，電子書閱讀器只用來讀小說：因為電子書翻頁不夠快！

我讀的書少，遠遠沒有達到這樣的功力。不過讀過若干本之後，我的讀書水平似乎也提高了一點。一個表現是現在對於

技術含量不是很高的書我盡量採取聽有聲書的辦法「閱讀」。英文世界幾乎每一本達到一定銷量的書都有有聲版。我每天上下班分別要開半個小時的車，正好用來聽書。

我停車之後幾乎從不立即下車。我開啟手機中的Evernote，對著耳機線把剛剛聽過的這段書的筆記錄下來。找到時間，我再把這些錄音筆記錄整理成文字。

我只聽一遍。三十分鐘的書，我的錄音通常只有三分鐘到五分鐘。其中只有原書的精華才會被我複述在錄音之中，剩下的是我的心得和評論。

整天這麼讀書，豈不是成了「兩腳書櫥」（編注：指書讀很多，但不善於應用的人）了嗎？如果你認為我是「兩腳書櫥」，我會深感榮幸，但我認為遠遠不夠。微博有傳言說，2013年比爾・蓋茲一共讀了139本書，我沒有辦法證實這一點，但他的博客上[11]的確談論了很多書，而且他讀的大部分是非小說。查理・蒙格和華倫・巴菲特都是手不釋卷的讀書人，巴菲特更號稱是醒著的時候有一半時間是在看書。蒙格說[12]：

> 我這輩子遇到的聰明人（來自各行各業的聰明人）沒有不每天閱讀的——沒有，一個都沒有。華倫讀書之多，我讀書之多，可能會讓你感到吃驚。我的孩子們都笑話我。他們覺得我是一本長了兩條腿的書。

① 如果你看到這句話，說明你堅持閱讀本書到了一定的長度，也許你已經擊敗了一半以上的讀者。

② The Summer's Most Unread Book Is⋯by JORDAN ELLENBERG, July 3, 2014, WSJ.

③ 當時是2009年。豆瓣頁面在 http：//book.douban.com/subject/1837823/ 現在修改此文的時候，該頁面上又有了幾篇新的書評，這些書評寫的仍然不靠譜。

④ How to Read a Book by Mortimer J. Adler and Charles Van Doren，此書有中文版。

⑤ 你是跳著看本書的嗎？關於刻意練習參見前面的《練習一萬小時成天才？》。

⑥ 關於失讀症患者的故事，參見本書《匹夫怎樣逆襲》一文。

⑦ 據說韓寒有個小本本專門記錄別人作品中的亮點。但如果只記亮點不記邏輯那也是不對的。

⑧ 這個研究發表在2011年1月的《科學》雜誌，參見科學松鼠會的報導《寫文章也許能提高記憶效率》 http：//songshuhui.net/archives/50079

⑨ 你是否記得，本書前面那篇《上網能避免淺薄嗎？》中提到的《達蜜經濟學》一書，就是他寫的。讀書多了就會發現很多東西是有聯繫的。

⑩ http：//marginalrevolution.com/marginalrevolution/2006/12/how_to_read_fas.html

⑪ 蓋茲的2013推薦書單：http：//www.gatesnotes.com/About-Bill-Gates/Best-Books-2013

⑫ 《窮查理寶典》，李繼宏譯。這本書是查理・蒙格的演講集（編注：即《窮查理的普通常識》）。

創新是落後者的特權：三個競爭故事

　　我認為關於創新，有一個廣泛存在的錯誤看法，那就是以為越是領先的國家和公司越應該搞創新。讓領先者去領導時代潮流，而落後者則應該把注意力放在向別人學習上。

　　如果中國只想當個二流國家，那麼這種思想就是正確的。反過來說，如果中國有志成為一流國家，那麼這種思想就是完全錯誤的。本文講三個真實的歷史事件，我們來看看到底誰應該首先領導時代潮流。

　　第一個故事是關於日本汽車的[1]。

　　說到美國最牛的公司，人們可能會認為是蘋果和Google，而在20世紀40年代，通用汽車（General Motors，以下簡稱為GM）絕對是個最高調的領先公司。1943年的GM是如此之牛，以致於他們覺得有必要請人來公司專門研究一下他們為什麼這麼牛。被請來的是當時管理界的傳奇人物彼得·杜拉克（Peter Drucker）。他的任務只有一個，那就是發現GM成功的祕密。事實證明，他的發現影響了工業界好幾十年。

　　一般人研究一個企業，總是從這個企業的外部入手，比如市場營銷戰略。杜拉克則專注於企業的內部。他的工作方法是

一個一個地找GM的管理人員談話。他有一個特別的天賦，那就是能夠用一種特別有禮貌和友好的方法跟你說話，讓你感覺如沐春風，自在地回答他那些特別深入的問題。杜拉克的另一個與眾不同之處在於他關注公司的管理——當時的人們，並不認為管理有什麼值得研究的，認為所謂管理無非是讓別人幹什麼別人就去幹什麼。

杜拉克在GM泡了整整18個月。他耐心細緻地分析了大量的人員和數據，完全瞭解了公司的方方面面。調研結束的時候居然出現了這樣的效果：杜拉克對GM的瞭解甚至超過了部分高層管理人員，他跟公司上上下下的人的關係都極好，以致於GM非常認真地希望他能留下擔任公司要職。

但杜拉克最大的收穫當然是GM成功的祕密。他把結果寫成了一本書，《公司的概念》（Concept of the Corporation）。在這本書裡，杜拉克認為GM成功的關鍵是分權。跟當時其他公司不同，GM的部門經理有很大的決定權，而最高層則很大程度上是扮演一個催化劑和協調的角色。也就是說，GM更像是一個鬆散的聯邦，而不是一個中央集權體制。GM為了確保部門經理們決策的獨立性，甚至給予他們否決權，並確保每個部門經理都很富有，這樣他們做決策的時候就不會為了漲工資去取悅高層！

杜拉克認為這是最先進的公司管理方法，並建議GM實行改革，在這個方向上做進一步的分權，甚至覺得應該把權力分給客戶！

然而戲劇性的事情發生了：GM被激怒了。

GM說我們是最好的公司，我們的經驗被證明是正確的，我們憑什麼還改革？

杜拉克的思想在美國沒有得到接受，於是他不得不跑到日本去。他把這一套分權思想教給了日本人。

日本沒有因為連美國人自己都不採納杜拉克的方案而拒絕他，反而勇敢地接受這種新思想。日本汽車企業把分權思想用到了生產線。

1980年，美國和日本汽車的生產線管理方式完全不同。美國是傳統的集權式管理，而日本，儘管在很多人的印象中應該更適合集權，卻採用了一系列的分權管理辦法。各個生產線有相當大的獨立性，生產線工人被鼓勵向公司提出各種建議，很多這些來自第一線的改進方案最後都被採納了。相比於獨立而民主的豐田車廠，美國本土的汽車廠反而更像是「軍國主義」。

日本汽車公司迅速崛起。最有意思的是有些美國車廠的生產質量不過關，被日本公司收購之後，還是這個廠，還用以前的工人，僅僅是採納了日本人的管理方法，這個廠就活了！於是美國公司反過來跟日本學。

分權管理方式是誰的創新？你可以說思想是美國人杜拉克從通用提煉出來的，但僅僅有思想不叫創新，敢於用這個思想才叫創新。最後的局面不是日本學美國，而是美國學日本。

在講第二個故事之前我們先來談談什麼是「創新」。如果從廣義上講，現在所有的公司都是「創新型」公司。每一個好

萊塢新電影都是「新」電影，微軟的每一款新軟體都是「新」軟體，暴雪的每一款新遊戲都是「新」遊戲。從這個角度說，「創新」其實是一種日常的生活方式。

但本文所說的創新不是這種創新。我們要說的是那種改變遊戲規則，改變商業模式，「根本性」的創新。這種創新往往具有歷史意義，你一旦成功，會有很多後來者向你學習。你不是創新圖存，而是引領風氣之先。這樣的創新最大的特點，不是「開放的頭腦」之類的優秀品質，而是風險！

我們的第二個故事[2]與第一個故事驚人地相似。

左右我們今天生活的一個重要革命是發生在1950年到1990年期間的日用商品的質量革命。正是因為這場席捲世界的質量運動，我們才能夠用相當低廉的成本海量地生產高質量的產品。質量革命的思想是誰最先發現的？美國人。質量革命潮流是誰引領的？日本人。

約瑟夫・朱蘭（Joseph Moses Juran）是生於羅馬尼亞的美國人，他曾經在當時的貝爾電報公司的一個廠Western Electric擔任過工程師。當時的世界甚至還沒有「質量控制」這個說法，人們認為控制質量無非就是對所有環節嚴格把關而已。而這種方法是不行的。

朱蘭的革命性思想其實不是別的，就是我們今天常說的80/20法則。他認為，質量損失並不是均勻地分佈在所有環節之中，實際上，絕大多數質量損失都是由於少數幾個最常見的錯誤造成的。這種思想得到了統計學家愛德華・戴明（W.

Edwards Deming）的支持。

1951年朱蘭出了一本書，*Quality Control Handbook*[③]，這本書在今天看來已經是傳世經典。這本書說質量控制的辦法在於把所有導致質量損失的問題排序，造成最多問題的錯誤排在最前面，然後你就會發現只要你改正其中20％的錯誤，就能解決80％的質量問題。

注意，當時「主流」的質量控制理論是從產品的第一步就開始強調質量，對所有操作過程都嚴格把關。朱蘭和戴明的理論在美國沒有人認同。

但日本人認同。朱蘭和戴明被邀請到日本講學，然後他們就留在了日本。20世紀50年代之前，日本製造業的名聲可能比今天的中國山寨還差，他們的產品被認為是低劣的仿製品。朱蘭和戴明的思想使得日本的產品質量大幅躍進，等到日本的摩托車和複印機開始衝擊美國市場了，美國人才反應過來。

直到1970年甚至1980年以後，朱蘭和戴明的理論才開始全面左右西方的質量標準，直接產生了質量革命。

今天我們談「產品質量」，馬上就想到日本貨。那麼，質量思想的創新到底是屬於這兩個美國人還是屬於日本？我認為屬於日本。

當我們坐下來回顧歷史的時候，我們會覺得那些早先的思想家說的理論簡直是常識，那些對他們置若罔聞的美國公司簡直是故步自封。其實不然。真把我們放到當時的位置上去，我們未必會做更好的選擇。甚至真把那些「頭腦開放」的日本

人放在當時美國公司的位置上去，他們也未必會做出正確的選擇。

如果你是一個有心的領導者，你每時每刻都能接觸到各種號稱可以改變世界，至少可以改變你們公司的「新思想」。這些思想邏輯上都無懈可擊，但實施的過程是有風險的。上面的兩個故事中的新思想都要求對企業運行方式做一次徹底的改革。企業不能每年都搞一次這種徹底改革。對於領先的企業，更沒有必要冒這種風險。諺語說，If it works, don't fix it！④

只有落後者，光腳不怕穿鞋的，反而可以冒這個險。冒險至少還有贏的機會，不冒險就輸定了。

這就是為什麼本文不說創新是落後者的「權利」，而說，創新是落後者的「特權」。

通過前面兩個故事我們看到，落後者向領先者學習這種模式根本就不是競爭的常態。我們常說的「後發優勢」，也就是把領先者早就玩明白了的東西拿來玩，其實是只在自己不但落後，而且是特別落後，以致於根本沒有資格跟領先者競爭時才有效。中國早年的「引進外國先進技術」，就是一個適合特別落後者的思路。好在中國並沒有沉浸在這種永遠追趕別人的思維之中。 像磁浮列車和電動汽車都是已開發國家也不成熟的東西，中國就敢直接上。

後來者創新，後來者引領新潮流，是競爭中的一般規律。當你發現鐵路公司已經把鐵道修遍了全國，你要做的不是跟著修鐵道，而是建高速公路，修機場。這個時候鐵道公司是沒有

什麼創新需求的，是後來者有創新需求。

我們用一個體育比賽的故事⑤來進一步說明這種競爭格局。如果總是落後者創新，那麼領先者應該怎麼辦呢？

美洲盃帆船賽是一個古老而有趣的比賽。比賽規則很特別，獲得上屆冠軍的俱樂部自動有一艘船進決賽，而其他各隊比賽爭奪一個向冠軍挑戰的資格。此賽事自從1851年創辦一直到1980年，冠軍居然都是美國隊的。

帆船比賽特別講究「落後者創新」。1983年美國隊首次衛冕失利過程中的一場比賽，給了我們一個有意思的例子。

這場比賽是最後7局4勝決賽的第5場，此前美國隊Liberty號以3：1領先澳大利亞的 Australia II號。比賽開始之前人們甚至已經準備好慶祝美國人延續132年連勝的歷史時刻了。

比賽中還是Liberty號領先。澳大利亞人一看繼續這麼玩下去冠軍肯定沒有了，必須賭一把。Australia II號變道，換到航線的左側，希望能碰上有利的風向。

這時候Liberty的正確應對策略是什麼呢？是跟著變。不管航線左側風向是否真的有利，只要我們兩個的條件能保持一樣，那麼最後肯定還是我贏，因為現在我領先。哪怕你的選擇是錯誤的，為了確保勝利我也必須做跟你同樣的選擇。所以在這種一對一的帆船比賽中不是落後者學習領先者，而是領先者學習落後者。

然而Liberty號的船長丹尼斯・科納（Dennis Conner）選擇了留在右側航線！這個看上去很直覺，實則不符合帆船比賽競

爭規律的錯誤使他青史留名：Australia II號賭贏了，Liberty號再輸兩場之後，美洲盃冠軍終於易手。

所以不是落後者要學習領先者，而是領先者要學習落後者。比如你是一家股票走勢預測的公司，你們公司的業績取決於你預測的準確率的年度排名。十個月過去了，你現在排第一。為了保證年底的時候你還排在第一，這時候你應該採取什麼策略？答案是直接抄襲其他人的預測。

回顧市場上那些革命性的商業模式，大多都不是由最領先的公司最先提出來的。為什麼谷歌自己沒有「創新」網路視頻，反而是收購YouTube？為什麼微軟沒有「發明」臉書（Facebook）？特大公司，如IBM者，並不以特別能創新而聞名，他們最大的能力恰恰是把那些已經被別人證明是好東西的技術迅速普及和產業化。

有人可能會認為既然創新就是承擔風險，中國這麼大怎麼能說賭就賭呢？我們不談中國可不可以賭，但中國公司可以賭，中國人可以賭。現在已經到了這麼一個階段，中國公司不應該再整天想著學別人，被人調侃 C2C（Copy to China），而應該在創新方面冒點險了。

恰恰是因為中國現在還比美國落後，才要讓美國學我們，而不是我們學美國。

***

最初寫作本文的時候，我看了好幾本談到「分權」這種管理模式的書。雖然在中國歷史上也能找到這種管理方式的影

子，但真正用於現代社會的似乎還是國外。我就一直在想：中國是不是得把這套學問也C2C一下。然而後來我才得知，原來中國早就有過類似的嘗試！

早在20世紀五六十年代，鞍山鋼鐵公司就改變了之前模仿蘇聯「專家治廠」的官僚管理模式，大膽向一線工人放權，充分尊重普通工人的意見，直接導致大量的群眾性技術革新。這套辦法後來被毛澤東稱為「鞍鋼憲法」⑥。今天看鞍鋼憲法，其與豐田公司的分權管理並無本質區別。有人甚至認為，日本人其實是學中國的。

學習了豐田經驗的美國人恐怕不會知道鞍鋼憲法。這個創新在中國並未得到堅持。美國還沒來得及學我們，我們就去學美國了。

---

① 這個故事來自Ori Brafman and Rod A. Beckstrom, The Starfish and the Spider：The Unstoppable Power of Leaderless, Portfolio Hardcover, 2006.
② 這個故事來自Richard Koch, The 80/20 Principle：The Secret to Success by Achieving More with Less, Broadway Business, 1999.
③ 中文版叫《朱蘭質量手冊》。
④ 翻譯過來是「如果這東西沒壞，就別修它！」
⑤ 這個故事來自Avinash Dixit and Barry J. Nalebuff, Thinking Strategically：The Competitive Edge in Business, Politics, and Everyday Life, W.W. Norton & Co., 1993.
⑥ 關於鞍鋼憲法的文獻很多，比如宋鐵春《鞍鋼憲法的歷史真相》，http：//news.sina.com.cn/c/2005-07-22/12347296201.shtml

過度自信是創業者的通行證

　　我有時候看《非誠勿擾》，感覺好像每個男嘉賓都想創業。他們很可能過高估計了自己成功的可能性。據統計[①]，中國大學生首次創業的成功率只有2.4%。我沒有辦法查到這個統計中對「成功」的定義是什麼，是公司能盈利就叫成功，還是公司能上市才叫成功？不管怎麼說，這個數字都太低了，要知道買福利彩票中獎的機率都能超過6%。不過就算是在美國開公司，失敗的可能性也大於成功。統計顯示，美國的創業公司，五年之後沒有倒閉，還在繼續生存的機率，是48.8%[②]；而十年之後還在繼續生存的機率，則是29%[③]。有意思的是，這個生存機率曲線幾乎不隨時間改變，也就是說，不管這個公司是20世紀70年代成立的，還是20世紀90年代成立的，不管你成立的時候正好是經濟繁榮還是經濟衰退時期，你的生存機率都是注定的。

　　至於那些「時勢造英雄」的新興產業公司，因為一窩蜂上馬，失敗率可能更高。按照提姆・哈福特（Tim Haford）的《適應》（Adapt）這本書的說法，汽車工業剛剛興起的時候，美國大約有兩千家汽車企業，其中存活下來的只有1%。

　　如果你要創業，儘管我內心充滿良好的祝願，我的最理性

預測卻是你將會失敗。

而創業者最重要的一個素質，恰恰是明知道很可能失敗卻還要幹。這幫人之所以成功不是因為他們善於計算機率，而是因為他們過度自信。

馬克思曾經引用過托・約・登寧於1860年在《工聯和罷工》一文中的一段話，他說：

資本有了20%的利潤便活躍起來，有了50%的利潤就會鋌而走險，有了100%的利潤就敢踐踏一切法律，有了300%的利潤就敢冒絞首的危險。

馬克思說的是非常高素質的資本家。一般人但凡有點穩定收入，是不會為50%的利潤而鋌而走險的。這也是為什麼一般人談創業只不過是葉公好龍而已。

心理學家對人性有一個基本認識，叫做「損失厭惡（Loss Aversion）」。這個原理指出，當面對「機遇與風險並存」的局面時，我們對損失的厭惡超過對獲得的喜悅。它甚至可以被推廣到更一般的情況：我們對失敗的恐懼超過對成功的渴望。在《快思慢想》這本書中，丹尼爾・康納曼介紹了一個經典實驗：

我們簡單地通過拋硬幣來決定輸贏。如果正面朝上，你就輸給我100元；如果反面朝上，你就贏我150元。你願意賭一把麼？

　　我們可以想想這個賭局。輸贏的機率分別是50%，你如果想賭，預期收益將是 -100×50%+150×50%=25元。也就是說，如果我們連賭一萬把，你大概平均可以贏25萬元，非常不錯的買賣。然而現在的問題是只賭一把，一旦輸了你就會輸掉100元，當然，贏的話可以贏得更多，然而你畢竟面臨著輸錢風險。如果按照資本家的思維方式，這個賭局等同於你拿100元投資，其平均利潤率是25%。有多少資本會像馬克思說的那樣為了這個利潤「活躍起來」呢？

　　世界各地的心理學家曾經找不同的人群做過無數次這個實驗，或者這個實驗的變體，結論都是一樣的：絕大多數人不願意冒這個風險。實際上，要想說服大多數人同意賭，你必須把賭贏的回報提高到200元。也就是說，在人們心目中，損失100元和贏得200元一樣重要。這還只是一兩百元的小錢。考慮到心理學家一般沒有多少科研經費，他們大概沒做過賭注是100萬元的大規模實驗，但我們可以明確的是：人們會要求一個更高的回報率。人們很樂意花一兩元錢買明知道中獎機率很低、預期收入為負數的彩票，但是賭注一旦增大，哪怕預期收入是正的，也只有亡命徒或者資本家才願意玩。

　　今天，中國經濟高速增長，很多人樂意把手裡的錢通過房產或者股票的方式投資，哪怕冒一點風險也無所謂。但我們完全有理由認為這個局面不會長久地持續下去，因為亞裔的本性似乎是非常不喜歡風險的。比如據大前研一《低智商社會》介紹，今天的日本人就非常不樂意冒險。可能因為是受到20世紀

80年代經濟泡沫破滅的打擊，日本人，尤其是年輕人，只知道存錢而不敢投資。哪怕日本銀行實行零利率，人們還是存錢。可能在某些人看來，銀行實行零利率是對老百姓智商的侮辱，但日本人明明知道外國銀行的利率更高，也不願意把錢轉出去存。

我曾經看過幾集江蘇衛視的《非常了得》。這個節目中有幾個群眾演員分別聲稱自己有個什麼事蹟，而節目參與者的任務則是判斷他們說的是不是真的。如果判斷對了，參與者可以獲得一個旅遊的獎勵。最低檔次的旅遊是去香港，第二檔是普吉島，更高檔的包括去歐洲和杜拜這種比較貴的地方。在我看的這幾集中，所有連過兩關的參賽者全都選擇了放棄下一關，直接去普吉島了事，而理由則是「我已經去過香港了」。在這些參賽者看來，過了一關還要過需要理由，而過了兩關不過了則不需要理由！我看美國類似的過關節目，參與者一般都是勇往直前，如果最後不是輸贏涉及幾十萬美元，他們很少放棄，從來沒見過才過兩關就主動打住的。所以我認為包括中國人在內的亞裔，跟西方人相比是更不愛冒險的，這也許是土地文化與海盜文化的區別吧。

人生面臨著一個風險悖論。如果你一輩子謹慎小心，幹什麼事情都謀定而後動，你的生活再差也差不到哪去；而如果你勇於承擔風險、大膽嘗試，你可能會特別失敗，但也可能特別成功。那麼平均而言，我們到底應該更冒險一點好，還是更謹慎一點好呢？

根據2011年發表在《自然》上的一篇論文[4]，答案是冒險

更好。生活中有自信和不自信的人，還有一種過度自信的人，他們過高估計了自己的能力，嘗試去幹一些比他們水平高的人都不敢幹的事情，而這種人卻往往能夠僥倖成功。而且平均而言，他們比能正確評估自己能力的人更成功。

在這篇論文中，兩個搞政治學的研究者，英國的多米尼克·詹森（Dominic D. P. Johnson）和美國的傑姆斯·福勒（James H. Fowler），搞了一個數學模型。他們設想了一個每個人憑自己的能力爭奪資源的世界。假設每個人都有一個「能力值」，以及一個自己對自己能力的「評估值」，那些過度自信的人的自我評估值顯然大於他們的實際能力值。在這個世界裡的遊戲規則是這樣的：任何一個人面對一份資源的時候，都可以選擇是否「爭奪」這個資源。

如果你選擇爭，而恰好沒人跟你爭，那麼這個資源就是你的了，你在進化中的「適應值」就會增加「r」。

如果你選擇爭，而有另一個人也選擇爭，那麼你們二人就要產生衝突。衝突的結果是每個人都會損失適應值「c」，但那個能力值高的人將會取勝並因為獲得資源而增加適應值「r」。也就是說在衝突中取勝的人獲得的適應值是「r-c」，而失敗的人則會白白損失適應值「c」。

每個人根據對自己能力的評估值和對周圍其他人能力的判斷（這個判斷也可以與其他人的實際能力不同）來決定是否參與爭奪。

整個遊戲被設計成進化模式，那些獲得更高適應值的人將會有更大的存活和繁育機會。研究者進行了幾十萬次模擬，看看在進化中什麼樣的人能夠最後勝出。結果發現只要獲勝的獎勵足夠地比衝突代價大，也就是在「r/c>3/2」的情況下（正是馬克思說的50%的利潤！），那麼在進化中活到最後的全是過度自信者。

這個結果是可以理解的。過度自信者的競爭策略就是有棗沒棗先打一竿子再說。如果恰好沒人跟你爭，你不就白白贏了一回嗎，就算有人爭，也許他們還不如你。當那些非常有自知之明的人還在苦逼地計算得失機率的時候，過度自信者已經捷足先登了。這個模型很好地解釋了為什麼有那麼多美女最後落在了各方面條件非常一般的男生手裡。它也許還可以解釋為什麼在中國歷史上漢族一而再、再而三地輸給野蠻的少數民族。

如此算來，這個世界屬於愛冒險的人，它的運行規律是撐死膽大的餓死膽小的。那些過度自信的人失敗的次數也會比一般人更多，如果要死的話也會死得非常快，但只要他們沒死，只要他們還在繼續嘗試，那麼他們最終成功的可能性要比一般人大得多。

蘋果教主賈伯斯小時候第一次開公司要賣電路板，他的合夥人沃茲尼克表示反對，因為他合理地判斷根本沒有那麼多人會買，公司不可能賺錢。但是教主說[5]：「好，就算賠錢也要辦公司。在我們一生中，這是難得的創立公司的機會。」換句話說，賈伯斯的創業決定根本不是精心計算出來的，而是為了創業而創業，為了冒險而冒險。這種玩法居然沒死，這似乎不

能說明賈伯斯的目光遠大，而只能說明他運氣好。

而運氣，本來就是成功的必要條件。

---

① 來自人民日報：《大學生初次創業成功率僅為2.4% 專家支招》，http：//edu.people.com.cn/GB/11966668.html

② 來自紐約時報博客http：//boss.blogs.nytimes.com/2009/07/15/failure-is-a-constant-in-entrepreneurship/?_php=true&_type=blogs

③ http：//smallbiztrends.com/2008/04/startup-failure-rates.html

④ Dominic D. P. Johnson & James H. Fowler, The evolution of overconfidence, Nature 477, 317-320（15 September 2011）.

⑤ 愛范兒《〈身邊人回憶賈伯斯〉之蘋果創始人沃茲尼克》 http：//www.ifanr.com/55855.

奪魁者本色

　　我上初中的時候經常踢足球，大部分男生都參加，而且是一本正經地分隊比賽。有一次，幾個女生要求跟著一起踢。她們在場上幾乎不起作用，但已足夠讓我們受寵若驚。比賽中一位女生問了我一個問題，這個問題令我終生難忘。

　　她問我，為什麼球出界了讓對方擲界外球，難道不應該誰踢出界誰負責把球撿回來發球嗎？

　　蒼天啊。擲界外球是一種權利！你想怎麼發就怎麼發，你獲得了一次進攻的機會！但是女生不這麼看。她們也許認為踢球是一種社交活動，就如同舞會，在這種情況下一個人跑到場外撿別人踢出去的球的確不怎麼公平。

　　但男生把踢球視為競爭。競爭，是一種非常特別的心理狀態。這不是你好我也好的遊戲，這意味著一定會有贏輸。在競爭中我們可以爭先恐後地做一些平時不願意做或者做不好的事情，也可能因為過度緊張而發揮失常。如果沒有競爭，哪怕像高空跳傘一樣驚險的事，做過三次以後你就會慢慢獲得平常心；如果有競爭，哪怕是舞蹈比賽，不管比過多少次你還是會感到同樣的壓力。

　　現在已經有很多關於勤學苦練的書了。比如我們知道，要

想在某一方面達到世界先進水平，最好的辦法是進行刻意練習。但有水平是一回事，遇到競爭的場合能不能把自己的水平發揮出來是另一回事。近年來科學家針對競爭做了不少研究，美國學者布朗森（Po Bronson）和梅里曼（Ashley Merryman）於2013年出了一本《奪魁者：關於輸贏的科學》（*Top Dog: The Science of Winning and Losing*），對這些研究做了非常漂亮的總結。我們在生活中經常能聽到關於競爭的議論，但我敢說這本書中的有些研究結果，會大大出乎你的預料。

有的人特別喜歡競爭，哪怕本來不是個比賽他都想跟人分個高下；有的人特別不愛競爭，遇到正式比賽還想著跟對手聊天。有的人平時的表現不錯一到關鍵時刻就會被壓力摧垮，有的人卻能在壓力下超水平發揮。是什麼決定了這些人的不同表現呢？是文化傳統嗎？是家庭環境嗎？是他們最近的心情嗎？是星座嗎？是手相嗎？

有最多科學證據支持的答案是……手相。具體說來是無名指相對於食指的長度。想要徹底理解這件事，我們得從男女的競爭差異說起。有一個很有意思的研究，是中國人貢獻的。

最牛女生宿舍

如果你經常看與教育有關的新聞，你可能會注意到一個「最牛女生宿舍」現象：

- 南開大學社會學專業某女生宿舍，四人中有兩人專業第一，另有一人被保送至中國人民大學，還有一人中

　　請出國；

- 南京郵電大學某宿舍八個女生全部考研成功；
- 鄭州大學118宿舍四個女生全部考上英美名校金融專業研究生，而616宿舍的四個女生則全部考上國內名校；
- 西交利物浦大學某宿舍四個女生中三人考上劍橋，另一人考上帝國理工。

　　這類報導還有很多。一個宿舍的人互相激勵共同進步，這聽起來非常正常，可問題是，為什麼沒有「最牛男生宿舍」呢？

　　因為最牛的男生一般對自己的宿舍沒什麼好影響。中國大學給新生安排宿舍是強制性的，學生本人沒有選擇權，而校方安排宿舍的唯一標準是每個宿舍的學生儘可能來自五湖四海，完全不考慮入學成績。對研究者來說這簡直是個最理想的自然隨機實驗。哈佛和北大的兩個研究者，韓麗（Li Han，音譯，下同）和李濤（Tao Li），分析了中國某沿海省份著名大學2,134個學生的高考成績和在大學的平時成績，並研究他們的成績是怎麼受室友影響的[①]。

　　他們發現女學霸對其所在宿舍來說是一盞明燈。如果一個女生的入學成績比較弱，但是她有成績好的室友，那麼她在大學的學習成績會因此受益。她很可能被室友激勵，甚至可能得到了室友的直接幫助。可是男生宿舍裡沒有這樣的效應。數據顯示，那些學習最好的男生，甚至對自己宿舍其他人的成績有負面影響！

　　這並不是因為男學霸壓制室友，而是因為作為男人，跟學霸做室友的滋味並不好受。男孩什麼都想競爭，每時每刻都想跟人比，而且還過度自信。上一所好大學之前，女孩能清楚地估計到自己面對這麼多好學生將不會具備什麼優勢，所以在大學遇到困難時能主動去尋求幫助，並且會得到幫助。而男孩從來沒想過自己會輸。如果輸了他也不會去尋求幫助，他會拒絕承認自己輸了，實在不行就乾脆放棄這個項目。

　　男人在決定參與競爭之前並不在乎失敗的風險，可是競爭中一旦遇到挫折就容易放棄。女人卻總能合理評估競爭風險，一般不愛競爭，但是一旦參與了，就算遇到挫折也常常能堅持下來。

　　這樣看來男人的競爭模式似乎比較愚蠢……但真實世界不只是大學生考研。過度自信和敢出手恰恰是男人的優勢。

　　比如為什麼大多數政客是男的，這不是因為選民有性別歧視。女候選人真參選的話，她獲得的政治捐款和得票率都並不比男性低。女政客少，是因為女人不愛參選。女人不參選，是因為她們能合理對待自己當選的可能性。

　　有研究者對美國各州議員進行統計調查，問卷包括兩個問題：一、你是否打算參選國會議員；二、你認為如果你參選，你贏的可能性是多少。結果非常有意思，關鍵數字是20%：

- 如果自己評估的勝率是20%以下，很多男性政客仍然要參選，而女的就不願意參選了。有些男的是不管機率多低都要參選。

- 可是如果自我評估的勝率是在20%以上,女的甚至可能
  比男的更願意參選。

對政治選舉來說,20%可是個巨大的數字。美國政界中如
果一個在位者競選連任,他獲勝的機率非常大,高達95%。女
人不跟他爭,是理性的選擇。結果就是最後選上的都是男人。

競爭激素

瞭解過進化心理學的人可能會立即指出男女的競爭差異
是由兩性生理特質決定的,男人的「性冒險」的代價並不
高,而女人要是一旦懷孕了,事可就大了,所以女人必然不
如男人愛冒險。很多證據顯示,一個人喜不喜歡競爭或冒險,
是由一種激素——睪酮,這個天然的雄性激素的分泌水平所決
定的。男性有睪丸可以分泌睪酮,但別忘了腎上腺和卵巢也分
泌睪酮。

人們早就知道睪酮可以增加人的體能和爆發力,而最新的
發現表明,睪酮居然對西洋棋比賽的成績也有影響。在一個研
究中,參加比賽的棋手們被時不時地測量睪酮水平,結果發
現他們的成績居然可以用其在臨近比賽開始時的睪酮水平來預
測。賽前睪酮分泌得越多,就越有可能贏得比賽,哪怕排名沒
那麼高都行。

這樣說來,我們聽運動員說今天狀態出沒出來,可能就是
睪酮在起作用。人似乎可以通過分泌睪酮來使自己達到最佳比
賽狀態。另有研究發現醫生做越高難度的手術,其手術當天早

上分泌的睪酮就越多。還有實驗發現使用睪酮藥物甚至能提升數學成績。

　　睪酮，可以讓人在競爭中更敢於冒險，更樂意投入比賽，在比賽中更無私，更關心隊友，更可能抗議對手犯規，甚至能更多的訴諸理性認知而不是感情衝動。如果一個人的睪酮水平不夠，他就很難進入「來之能戰，戰之能勝」的興奮狀態。這何止是雄性激素，簡直是競爭激素。

　　可是女人的基礎睪酮水平只有男人的七分之一。基礎水平低是一個因素，如果在賽場上能臨時多分泌一些也不錯，但很多研究發現，女人在比賽中的睪酮水平並不像男人一樣增加。而這居然是因為女人喜歡在比賽之前跟競爭對手聊天！實驗發現如果把她們隔離開來使之看不到對手無法做賽前交流，然後互相用自己的進度刺激對方，那麼女人的睪酮水平也會增加。

　　但是不要低估基礎睪酮水平的重要性。基礎睪酮水平低很可能極大地影響了女性的冒險精神。有人統計發現在天使投資人中有15%的女性，而在風險投資人中女性只占不到7%。儘管有充分證據表明華爾街的女交易員的成績不但不比男人差，而且還可能更好，但絕大多數股票交易員都是男的。那麼，那些敢冒險的女性，她們擁有什麼樣的睪酮水平呢？

　　現在可以談手相了。一個人的基礎睪酮水平可以反映在無名指和食指的長度比上。胎兒在子宮中的發育同時受到睪酮和雌激素的影響。這兩種激素影響胎兒大腦的同時，也影響手指。睪酮水平相對雌激素水平越高，人的無名指相對於食指就越長。

2011年，兩個義大利經濟學家就此搞了個研究[2]。他們找人採訪了超過兩千個自己創辦公司的企業家，給他們的右手拍了照片，然後用照片統計這些人的無名指和食指的長度比。結果發現越是成功的企業家，其無名指相對食指就越長，那些最成功企業家的無名指要比食指長10%，甚至20%！更有意思的是其中有780個女企業家。通常情況下，男性的無名指比食指略長，女性的無名指比食指略短。可是這些義大利女企業家的無名指比食指長，而且其長出的比例比男性還顯著！也可能正是因為這個原因，這些女企業家平均而言比男企業家更成功，她們的公司更大，成長更快，她們工作起來更猛。

如此說來，想要瞭解一個人適不適合參加競爭，得看無名指長度?!事實差不多就是這樣。而且這個研究還不是孤立的。在《奪魁者》書中後面的參考文獻中，我還發現好幾個正文沒有提到的類似研究，不只是企業家，從高水平運動員到華爾街高頻交易員，成功者都有更長的無名指。

對無名指不夠長的人來說這恐怕是個重大打擊。但是像這樣的打擊還沒完。

戰士與顫士

台灣的國中升高中考試可能像大陸的高考一樣重要，通過了的學生可以進入通往大學的高級中學，通不過的則只能進入職業學校或者專科學校。試題相當難，通過率只有39%，而且通過之後能去的最好高中和差一點的高中分數線相差很小。參加這樣的考試顯然要面對巨大的壓力，最吃虧的就是那些平時

明明水平很高，一到關鍵時刻就不行的學生。

台灣師範大學的張俊彥率領的團隊研究發現③，像這樣的學生有一個同樣類型的單個基因，叫做COMT基因。

人腦高速運行（興奮起來）時要分泌多巴胺，它的作用是幫助神經細胞傳遞脈衝。我們賭贏了會高興，看見美女會產生愛情，遇到大事會激動，面對壓力會緊張，這些都與多巴胺有關。多巴胺少了人就興奮不起來，多巴胺太多人又會興奮過度。有一種酶負責在大腦的前額葉皮質中清除多巴胺，而COMT基因就是這個酶的編碼。這個基因有兩種變異類型：一種產生快酶，能夠快速清除多巴胺，另一種則產生慢酶。多數人同時擁有這兩種酶，但有的人只有快酶，有的人只有慢酶。

如果你的COMT酶是快酶，那麼你面對壓力的時候就很容易保持一顆平常心。這並不是因為你定力過人，而是因為多出來的多巴胺會被迅速清理掉。有些學者把這樣的人稱為「戰士（Warriors）」，因為他們臨危不懼。而如果你的COMT酶是慢酶，那麼面對壓力多巴胺就容易過多，導致自己驚慌失措，這樣的人則被稱為「顫士（Worriers）」。亞洲國家的顫士比例不高，大約只有8%。

平時沒有壓力的時候戰士的多巴胺也被清理得很快，於是他們就會表現得缺乏幹勁，不興奮。而顫士則因為平時也能維持一個比較高的多巴胺水平而表現得很好。此前有很多研究表明，顫士的平均認知能力和智商都高於一般人。

總而言之，戰士在戰時的表現超過顫士，顫士在平時的表現超過戰士。這正是張俊彥等人研究證實的結果：顫士們的成

績平均比別人低了8%。對升學考試來說，這是一個足以決定命運的差距。

所以，決定一個人喜不喜歡競爭的重要因素之一，是睪酮水平。而決定一個人面對競爭壓力時的狀態，是COMT基因。原來競爭這件事，不是誰想玩都能玩好的。難道說，有的人天生就擅長競爭，他們特別適合上場比賽，有的人天生更適合安穩的生活，他們的位置就只能在觀眾席？

也不是！從對策論角度來說，競爭其實有兩種。一種是有限博弈（finite game），這種競爭就好像體育比賽一樣終會有結束的時候，你在比賽中必須全力以赴，比較強調爆發力，更適合男性或者戰士參加。另一種是無限博弈（infinite game），競爭永遠都在進行，講究持續力，需要你能夠在其中偷偷地自我調整和恢復，更適合女性或者顧士參加。

怎樣訓練女足

這本書裡最厲害的一個人物並非哪個長著超長無名指的企業家，而是一位女足教練。多蘭斯（Anson Dorrance）擔任北卡羅來納大學女足教練超過三十年，總共獲得了二十一項全國冠軍。他很可能根本不瞭解關於COMT基因的新研究，但是他很瞭解女人。

大部分女孩不願意競爭，尤其不願意在隊內搞競爭。她們害怕損害同伴間的關係，擔心隊友不喜歡自己。多蘭斯的做法就是找一個典型的敢於競爭的女孩——她在訓練的時候非常拚命，玩真的，別的女孩都抱怨甚至來告狀——然後他告訴所有

隊員：每個人都應該像她這麼踢。他要求隊員不要反感競爭，要把競爭當成常事！

在平時訓練中，多蘭斯想盡辦法給隊員加壓。他搞了各種考核指標並把所有數據排名公佈，讓她們時刻面臨競爭壓力。注意，這個做法跟美國現在的校園文化格格不入，學校為了維護孩子的自信心從來不搞排名，從這個角度說，反而是中國學校的一年好幾次的考試排名更能培養人的競爭力。

在比賽中，多蘭斯給隊員減壓。球隊落後了，他在中場只對隊員說一句話：「現在你怎麼想？」這句話一問，女孩們都非常自責，認為失敗應該由自己來承擔。女孩是重感情的，一旦你表現出對她很支持，她就會對你感恩戴德。這招通常只對女運動員管用。男運動員需要時刻被加壓，多蘭斯曾經帶過男隊，那時候他總在中場的時候大喊大叫地刺激隊員。不過鑒於中國男足特別害怕壓力，我懷疑也許他們需要女足的訓練方法。

競爭，是對人的提升。古希臘是先有的奧運會才有的民主制度。奧運會是一個公平競爭的場合，人們習慣了這種公平競爭，政客們習慣了公開辯論，兩百年後，風氣形成，才實行民主。不過，生活中大多數事情並不需要競爭，睾酮高也不總是好事。睾酮特別高的男人很難與人相處，有時候女人不競爭反而能把事辦好④。

但無論如何，我敢打賭你在閱讀此文過程中查看了一下自己的無名指。好消息是無名指的研究還沒講完。研究者認為生理因素大約只能解釋40%到60%的競爭力，後天教育和文化傳

統仍然有作用。義大利大部分女企業家集中在文化寬容的東北部，在這裡先天資質並不特別出眾的女人也有出頭的可能性。

　　可是，一個女人要想在義大利南部地區奮鬥成功，她的無名指長度必須出類拔萃！

① Li Han and Tao Li, The gender difference of peer influence in higher education, Economics of Education Review, 2009, vol. 28, issue 1, pages 129-134. http：//econpapers.repec.org/article/eeeecoedu/v_3a28_3ay_3a2009_3ai_3a1_3ap_3a129-134.htm

② Guiso, Luigi, & Aldo Rustichini,「What Drives Women Out of Entrepreneurship: The Joint Role of Testosterone and Culture,」European University Institute & EIEF Working Paper, ECO 2011/2012 (2011).

③ 文匯報：台研究破解「抗壓基因」http：//paper.wenweipo.com/2013/02/09/TW1302090001.htm，論文是 Yeh, Ting-Kuang, Chun-Yen Chang, Chung-Yi Hu, Ting-Chi Yeh, & Ming-Yeh Lin,「Association of Catechol-O-Methyltransferase (COMT) Polymorphism and Academic Achievement in a Chinese Cohort,」Brain & Cognition, vol. 71(3), pp. 300–305 (2009)，http：//www.sciencedirect.com/science/article/pii/S0278262609001146

④ 2013年大西洋月刊有篇文章專門談這個問題：Kirsten Kukula & Richard Wassersug, The Modern Female Eunuch, Apr 1 2013.

打遊戲的三個境界

當一個人玩遊戲的時候，他玩的是什麼？當然，現在中文論壇給的流行答案是「寂寞」。羅徹斯特大學的研究結果[①]，說遊戲之所以讓人上癮是因為它滿足了人的心理需要：一個人的現實生活很平庸無聊，而在遊戲中卻可以呼風喚雨、橫掃千軍。不管是寂寞論還是心理論，言外之意，電腦遊戲，是Loser[②]的天堂。

有調查顯示，與中國玩家大都是大中學生不同，美國遊戲市場的最大消費人群，是一幫三十歲以上身體超重的宅男。可見遊戲玩家的整體型象的確不怎麼樣。儘管如此，打遊戲並不是一個特別愚蠢的活動。

我一貫敬重那些玩遊戲上癮的人。就如同幹一項事業一樣，他們忠誠於遊戲，有承諾感。遊戲為什麼好玩？這個問題的答案不僅僅關乎遊戲，更關乎我們對事業的追求。打遊戲有三個境界。

遊戲的第一個境界是好玩。

首先是「現實感」或者是「超現實感」。一個遊戲讓人覺

得好玩，憑的就是它能讓玩家特別逼真地「做事」。《魔獸世界》的一句宣傳口號是「做你從未做過的事」。我在現實生活中從來沒有機會拿一把斧子跟人對砍，從來沒使用過魔法，更從來沒騎乘過大鳥在天上飛。我從來沒指揮過軍隊，沒滅過別人的國家，實際上，我從來沒當過英雄。在遊戲裡我可以做這些事情，如同做了一個好夢。

但這種超現實感只能短暫地吸引玩家，再好看的電影，每天都看一遍也會無聊。一個遊戲要做到有趣，要讓人一整天殺怪而不覺得煩悶，還有一個訣竅，叫做「隨機」。

殺死一個怪物之前，你不知道它會掉落什麼。多數情況下可能只是一點布料和小錢，但存在某種可能性，它會掉落一件精良甚至史詩級的裝備。人們沉迷於這種隨機性，熱愛這種小意外，好賭，真是人的天性啊。

一個沉浸在這種「好玩」境界中的玩家是快樂的。遊戲是他們生活中的消遣和點綴。他們「玩」遊戲，而不是「被遊戲玩」。但這種淺嘗輒止、走馬觀花的遊戲者並不真正懂得遊戲。這種低境界的玩家就好像在海邊玩耍的小孩子，他們偶爾被幾個好看的貝殼所吸引，而完全不能欣賞遊戲世界的汪洋大海。「被遊戲玩」，才是高境界。一個真正熱愛遊戲的人玩遊戲時並不總是輕鬆快樂的。真正的遊戲玩家有時候甚至是拚命的，因為他們知道不吃苦就永遠不會到達頂峰。

遊戲的第二個境界是追求成就感。

如果成就感僅僅是為了成為全伺服器第一高手也就罷了。

但為什麼會有人為了湊齊一套裝備反反覆覆地刷副本？為什麼有人甚至僅僅是為了「打錢」而不眠不休地在一個地方殺怪，不惜因為這種純低端的體力勞動而被人嘲笑？更重要的問題是，他們為什麼不把這個精神用在真實世界中的學習和工作上？

這是因為有兩件事只存在於遊戲之中：一、「世間自有公道，付出總有回報」；二、更重要的一點是，回報是即時的。

打贏一場仗，經驗值立即上升，戰利品立即到手。這個規則看似簡單，在現實生活中卻是非常少見的。即時的回報會給做事的人一個正反饋，使他更投入地繼續工作，這種正反饋一旦運行起來，只有人的生理極限才能限制他的工作強度。我們經常看到一個政府職員在上班時間悠閒地看報紙，而一個小商販卻可能在工資更低的情況下拚命地加班加點，其根本的技術原因是這個小商販的每一個動作都可立即轉化為收益。即時正反饋，就是遊戲上癮動力學。

這個道理的應用是怎麼從管理角度建立一個即時回報的系統。不過我覺得這種系統在很多情況下並不實用。這個反饋會把任何人置於連續的高強度工作中，似乎只適合於簡單體力勞動。因為腦力勞動者需要自由的空閒時間來想事兒。一個科學工作者如果陷入這種正反饋之中，比如每一篇論文都帶來幾萬塊錢獎金的話，將是非常可悲的事情，他會變成只會寫論文的機器。而另一方面，體力勞動現在大多都是生產線，需要各人之間的配合，而不希望單獨一個人憑藉自身素質逞英雄。

一個玩家一旦陷入這種即時正反饋系統之中，他就成了遊

戲的奴隸。我尊敬這樣的玩家，但有人可能會鄙視他們。另有一種玩家，卻是值得所有人敬仰。

這就是遊戲的第三個境界，體育和科學的境界。

進入這個境界的玩家不是「玩」遊戲，而是「訓練」，甚至是「研究」遊戲。他們不再對升級和獲得裝備之類的事情興奮，他們追求的是技藝。

幾年前玩《魔獸世界》的時候，我看過很多這樣的玩家寫的技術文章。各種令人眼花撩亂的武器，技能和魔法的性質，對他們來說都是基礎知識。他們對每一次升級後的技能修改都敏感。他們試練作戰過程中最有效的攻擊方向和步法。有些暴雪拒絕公佈的細節，比如說「威脅值」的計算公式，他們用搞科研的精神，去野外找怪物做實驗。然後他們把發現寫成一篇論文。

達到這個境界的玩家把玩遊戲變成了一個體育運動，甚至是一項科學研究。他們可以反覆打某個單機遊戲中的同一張地圖而不覺枯燥，因為他們追求的不是簡單的快感，而是更高的技藝水平，是藝術。他們彷彿在遊戲之中，又好像在遊戲之外。

玩遊戲實在是一個可大可小的事情。如果你隨便玩，你只能體驗一點小小的快樂情調。如果你陷入即時正反饋系統不能自拔，你會獲得更大的樂趣或痛苦。只有當你進入更高的境界，你才可能成為遊戲界的老虎伍茲，甚至是駭客任務（Matrix）裡的尼歐（Neo）。

---

① http：//news.xinhuanet.com/newmedia/2007-01/01/content_5554401.htm
② Loser是個英文中的貶義詞，直譯為「失敗者」，但實際指那些精神狀態很差毫無前途的人。

窮人和富人的人脈結構

　　我們中國人非常喜歡談人脈，有句現代諺語說「社會關係就是生產力」。「拉關係」，似乎很重要，但這種行為又被某些有志青年所不屑。可是不管你有多麼不喜歡，許多事情的完成要依賴各種關係，求人未必可恥，孤獨未必光榮。「關係」，是個正常的現象，而這個現象並不簡單。很多人認為建立有價值的人脈的關鍵是尋求一種比較親密的關係，比如「一起同過窗、一起扛過槍」，而社會學家們卻恰恰不這麼認為。

　　著名社會學家史丹佛大學教授馬克‧格蘭諾維特（Mark Granovetter），曾經在20世紀70年代專門研究了在波士頓近郊居住的專業人士、技術人員和經理人員是怎麼找到工作的，並把研究結果作為他在哈佛大學的博士論文[①]。格蘭諾維特找到282人，然後從中隨機選取100人做面對面的訪問。他發現，通過正式渠道，比如看廣告投簡歷，拿到工作的不到一半。100人中有54人是通過個人關係找到工作的。這是一個相當可觀的數字——當宅男們絞盡腦汁糾結於簡歷這麼寫好還是那麼寫好的時候，一半以上的工作已經讓那些有關係的人先拿走了。

　　但這裡面真正有意思的不是靠關係，而是靠什麼關係。

弱聯繫的強度

所謂多個朋友多條路，那麼這條路更有可能是什麼樣的朋友給的呢？格蘭諾維特發現，真正有用的關係不是親朋好友這種經常見面的「強聯繫」，而是「弱聯繫」。在這些靠關係找到工作的人中只有16.7%經常能見到他們的這個「關係」，也就是每週至少見兩次面。而55.6%的人用到的關係人僅僅是偶然能見到，即每週見不到兩次，但每年至少能見一次。另有27.8%的幫忙者則一年也見不到一次。也就是說大多數你真正用到的關係，是那些並不經常見面的人。這些人未必是什麼大人物，他們可能是已經不怎麼聯繫的老同學或同事，甚至可能是你根本就不怎麼認識的人。他們的共同特點是都不在你當前的社交圈裡。

格蘭諾維特對這個現象有一個解釋。整天跟你混在一起的這幫人，很可能幹的事跟你差不多，想法必然也很接近，如果你不知道有一個這樣的工作機會，他們又怎麼會知道？只有「弱聯繫」才有可能告訴你一些你不知道的事情。格蘭諾維特把這個理論推廣成一篇叫做《弱聯繫的強度》的論文[2]，此文有可能是史上被引用次數最多的社會學論文，超過了兩萬次。這個研究的數據如此簡陋，思想如此簡單，然而其影響是深遠的。現在，「弱聯繫」這個概念已經進入勵志領域，2010年有人出了本書，*Superconnect: Harnessing the Power of Networks and the Strength of Weak Links*[3]，其中大談弱聯繫的用處，此書中文版的名稱更直接，叫《超級關係》。

　　「弱聯繫」的真正意義是把不同的社交圈子連接起來，從圈外給你提供有用的訊息。

　　根據弱聯繫理論，一個人在社會上獲得機會的多少，與他的社交網路結構很有關係。如果你只跟親朋好友交往，或者認識的人都是與自己的背景類似的人，那麼你大概就不如那些什麼人都認識的人機會多。

　　人脈的關鍵不在於你融入了哪個圈子，而在於你能接觸多少圈外的人。這樣來說，豈不是從一個人的社交網路結構，就能判斷這個人的經濟地位如何了嗎？

　　2010年，三個美國研究人員，伊格爾（Eagle）、梅西（Macy）和克拉克斯頓（Claxton），做了一件有點驚人的事情來驗證這個思想④。他們把2005年8月整個英國的幾乎所有電話的通訊記錄拿過來（涵蓋90%的手機和超過99%的固定電話）。這些電話記錄構成了可見的社交網路。

　　研究者很難知道每個人的經濟狀況，但是英國政府有全國每個小區的經濟狀況數據，你可以查到哪裡是富人區，哪裡是窮人區。他們把通訊記錄跟其所在的三萬多個小區居民的經濟排名對比。結果非常明顯，越是富裕的小區，其住戶的交往的「多樣性」越明顯。但是這個結果如果細看的話還有更多有意思的東西。

社交網路多樣性越強，經濟排名就越高

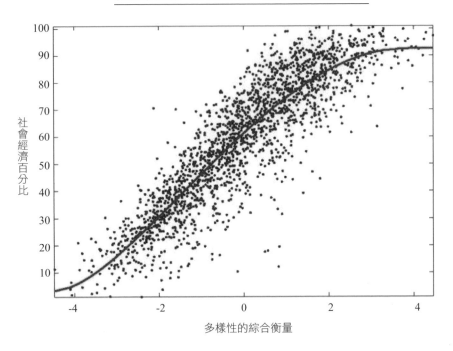

多樣性的綜合衡量

在統計上我們使用「相關係數」來表示兩個東西之間的相關性，它的值在-1和1之間，越接近1，就表示這兩個東西越容易一起變大和變小，負值則表示二者變化的方向相反。這個研究發現，小區的經濟排名與其社交網路的「社會多樣性」和「地區多樣性」的相關係數分別是0.73和0.58。

這意味著越是富人越容易跟不同階層和不同地區的人聯絡，而且階層多樣性要比地區多樣性更重要。正所謂「貧居鬧市無人問，富在深山有遠親」。我們設想富人的聯繫人數也應該較多，因為他們認識的人比窮人多——這也是對的，

但聯繫人數目和經濟排名的相關係數隻有0.44，並不太重要。最有意思的一點是，打電話時間的長短，跟經濟排名的相關係數是 -0.33，也就是說富人雖然愛跟各種人聯繫，但真正通話時間比窮人短。

這種數據分析的問題在於它只能告訴我們社交網路跟經濟地位之間有這麼個關係，但不能告訴我們到底是誰導致誰。是因為你富，才有不同的人願意跟你接觸呢，還是因為你願意跟不同類型的人接觸，才導致你富？格蘭諾維特的理論還有另一個問題。事實上，我們每個人認識的絕大多數人都是弱聯繫，強聯繫只是少數。如果讓所有認識的人每人給我們一條工作訊息，最後有用的這條訊息當然有更大的可能性來自弱聯繫！

格蘭諾維特在他1973年的論文裡承認了這個問題，但他也提出了一個解釋：生活中強聯繫和弱聯繫跟我們交流的次數相差極大。我們跟強聯繫之間交流的訊息，要遠遠多於弱聯繫。這種交流到底多多少，他沒有辦法量化計算，但是來自弱聯繫的訊息總量可能並不比強聯繫多。那麼，這樣看來還是弱聯繫重要，因為它傳遞的有價值訊息比例更大。後來類似的質疑不斷有人提出，但格蘭諾維特的理論還是經受住了考驗。

所以弱聯繫理論的本質不是「人脈」，而是訊息的傳遞。親朋好友很願意跟我們交流，但是話說多了就沒有新意了。最有效率的交流，也許是跟不太熟悉的對象進行的。這個猜想怎麼證實呢？

誰給你的訊息重要？

現在有了網路，研究人員可以更好地分析我們是通過什麼聯繫得到新知識的。比如你在各種社交媒體上經常閱讀和轉發來自網友的各種推薦。那麼，是親密好友的推薦更有用，還是弱聯繫的推薦更有用呢？臉書（Facebook）的數據團隊於2012年針對這個問題做了一項設計得非常巧妙的研究⑤。研究者有個簡單的判斷你跟各個網友之間的聯繫強弱的辦法。比如說如果你們之間經常互相評論對方發的「狀態」，那麼你們就是強聯繫的關係，否則就是弱聯繫。

這項研究統計人們在Facebook上分享的那些網頁連結——如果你分享這個連結，你大概認為這個連結是有用的。這種分享有兩種可能性。一種是你的朋友（不管是強聯繫還是弱聯繫）先發了這個連結，你看到以後轉發；另一種是你自己獨自發現這個連結。我們可以想像，前一種方式發生的可能性肯定要比後一種大，社交網路的作用就是讓網友向我們提供訊息。Facebook的這個研究通過隨機試驗的辦法來跟蹤特定的一組網頁地址，結果發現別人分享這個地址給我們，我們看到以後再轉發的可能性（pfeed），比我們自己看到這個地址直接分享的可能性（pno feed），大五倍以上。這兩種可能性的比值（pfeed/pno feed），也就是網友分享的放大效應。

我們的轉發行為是親疏有別的，我們更樂意轉發「強聯繫」分享給我們的訊息。統計發現，如果強聯繫發給我們一條訊息，我們轉發它的機率大約是弱聯繫發過來訊息的兩倍。這個理所當然，強聯繫之間本來就有類似的興趣。有人據此甚至

擔心，社交媒體是否加劇了「物以類聚，人以群分」這個局面？我們會不會因為總跟志趣相投的人待在一起而把社交圈變成一個個孤島呢？

　　不用擔心。我覺得這個研究最巧妙的一點是這樣的：它不但比較了我們對強聯繫和弱聯繫的態度，還比較了兩種不同聯繫的放大效應。強聯繫的放大效應是6，而弱聯繫的放大效應是9。也就是說同樣一個網址，你看到一個弱聯繫分享給你，你再轉發的機率，是你自己發現這個網址再分享的機率的9倍。再說白了，就是強聯繫告訴你的有用訊息，你自己本來也有可能發現；而弱聯繫告訴你的有用訊息，他要沒告訴你，你恐怕就發現不了。

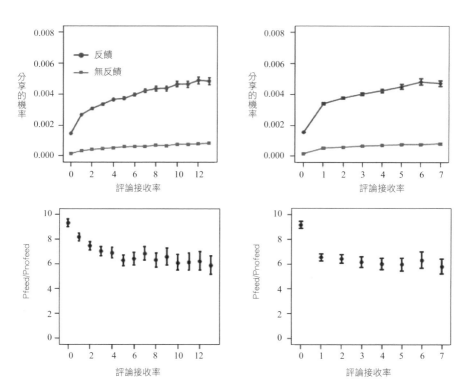

上面兩張圖是用兩種不同方法（按評論數和按發的消息數）計算聯繫的強度時，pfeed和pno feed的對比；下面兩張圖則是pfeed/pno feed。

然後再考慮到人們接收到來自兩種聯繫的訊息總量，把它們用相應的分享機率加權平均之後，發現來自弱聯繫訊息的影響力遠遠超過強聯繫。也就是說，雖然人們重視強聯繫，人們的大部分知識還是來自弱聯繫。

現在，「弱聯繫」理論已經被推廣到許多領域，不管你是僅僅想學點東西，找工作，還是創業，你都應該避免陷在成熟的「強聯繫」中，你應該走出去追求「弱聯繫」。

別跟熟人合夥

已經有統計表明，從弱聯繫那裡獲得想法，乃至於與弱聯繫合夥創業，有利於提高一個公司的創新能力。社會學家呂夫（Martin Ruef）問卷調查了766個在美國西部某個大學（其實是史丹佛大學，儘管論文裡並沒有明確說明）獲得MBA學位，然後又曾經至少嘗試過自己創業的「企業家」，他想從中發現弱聯繫和創新的關係[6]。呂夫統計了這些MBA們所創辦公司的人員構成和訊息來源，並且使用各種辦法評估這些公司的創新能力，比如考察其是否推出了新產品或者新的銷售手段、是否打入國際市場、有多少專利，等等。

是從哪來的想法直接刺激你創業的？呂夫發現，這個創業想法來自與家人和朋友這些強聯繫討論的，只占38%。而來

自於客戶和供貨商這類商業夥伴這些弱聯繫討論的，則高達52%。另一些人則是受媒體或專家啟發。可見好想法來自弱聯繫這個定律從創業之初就管用。

看來經常出去參加飯局的確比在家待著強，但是那些連飯局都不參加的創業者有可能更強。現在我們再考慮公司開起來以後的訊息來源。如果你在創業過程中的訊息網路主要由弱聯繫構成，你的創新能力是那些指望強聯繫的公司的1.36倍。而如果你乾脆不靠熟人，直接從媒體和不認識的專家那裡獲得訊息，你的創新能力則是強聯繫公司的1.5倍。而從社交網路來看，跟前面的數據的結果一致，你的社交網路越多樣化，你的創新能力就越強。那些擁有極度多樣化社交網路的企業家，他們既有強聯繫也有弱聯繫，還接受從未打過交道的人的意見，其創新能力是那些只有單一社交網路的人的3倍。

雖是如此，大部分創業團隊仍然由家人和朋友構成。強聯繫團隊和弱聯繫團隊的數目對比差不多是5：3。所以我們看到中國人搞家族企業，或者好友合夥創業，也只能理解，就算是史丹佛MBA又能怎樣。而呂夫使用一個創新評估模型發現，弱聯繫團隊的創新能力差不多是強聯繫團隊的1.18倍。更進一步，如果這個團隊成員在此之前從來不認識，那麼這個團隊的創新能力還可以更高一點。

但是人們很難拒絕強聯繫的誘惑。比如我們認為風險投資這個行業的人應該是比較理性的，或者至少應該是比較冷酷無情的人，對吧？但是就算是這幫人也會犯追求強聯繫的錯誤，而這個錯誤常使他們付出了相當大的代價。

　　這是一項新研究。2012年6月，哈佛大學商學院的岡珀斯（Gompers）、慕克哈（Mukharlyamov）和軒於海（Yuhai Xuan，音譯）發了一篇名為《友誼的代價》的論文[⑦]。這篇論文考察了3,510個風險投資者，以及他們在1975年到2003年間的11,895個投資項目。有些人選擇與自己能力相當的人合作，比如大家都是名校畢業；但更多的人選擇與自己的「熟人」合作，比如曾經的同學、同事，或者僅僅因為兩人是一個種族。這個研究發現，按能力搭檔可以增加投資的成功率，而找熟人搭檔，則會極其顯著地減少投資成功的可能性。

　　這些人願意跟什麼樣的人搭檔呢？能力是一個參考因素：如果兩個人都是從名校畢業，他們發生合作的可能性比一般人高8.5%。但更大的參考因素是關係：如果兩個人是同一個大學的校友，他們合作的可能性會增加20.5%。而關係親還不如種族親！如果這兩個人是同一個種族的，他們合作的可能性會增加22.8%。

　　那麼，不同類型的搭檔關係，對投資成敗有什麼影響呢？兩個風險投資者中如果有一個是名校畢業的，其投資的這個公司將來能上市的可能性會提高9%。如果他的搭檔也是名校畢業，則提高11%。所以按能力選搭檔，哪怕你把能力簡單地用學歷代表，都的確能增加成功機率。可是如果選一個以前跟你在同一個公司幹過的同事搭檔的話，會讓風投成功的可能性降低18%。如果選校友，降低22%。如果選「族人」，降低25%。

　　看來，風險投資的最佳合作夥伴，應該是一個從來沒跟

你進過同一個大學，從來沒跟你在同一個公司工作過，而且跟你不是一個種族的高學歷者。

所有人都喜歡強聯繫，哪怕是風險投資者和史丹佛MBA也是如此。我們願意跟他們混在一起，我們願意給他們打電話，我們願意轉發他們的微博。但是熟歸熟，工作歸工作。當我們考慮找人創業，找人合作，哪怕是找人瞭解什麼訊息的時候，「弱聯繫」才是最佳選擇。現在社會學已經有了足夠多的證據說明，對工作來說，同鄉會和校友錄（編注：以校友為主的網路論壇）不是擴展人脈的好地方。

---

① 後來這個論文被擴展成一本書：*Geting a Job.*

② Mark Granovetter，The Strength of Weak Ties, American Journal of Sociology 78, 1360（1973）.

③ 作者柯克（Richard Koch）和洛克伍德（Greg Lockwood），我尚未讀過此書。

④ 論文發表在《科學》（*Science*）上：Science 21 May 2010, Vol. 328 no. 5981 pp. 1029-1031。

⑤ 論文在 http：//www.scribd.com/doc/78445521/Role-of-Social-Networks-in-Information-Diffusion

⑥ 論文在 http：//www.cs.princeton.edu/～sjalbert/SOC/Ruef.pdf；另見《連線》上一篇相關介紹 http://www.wired.com/2010/07/the-secret-of-successful-entrepreneurs/

⑦ 論文在 http：//www.nber.org/papers/w18141.pdf，另見Freakonomics博客文章 http://freakonomics.com/2012/06/18/the-cost-of-friendship/

Part 3 | 霍金的答案

哪怕這個問題是全新的，在大多數情況下
我們也能用舊的知識解決它。掌握科學知識的
人有憑藉理論推導就能破解世界的力量。

亞里斯多德為何不數數妻子有幾顆牙

　　大多數人學習科學是為了通過某個考試乃至於找個好工作。有的人學科學是因為科學很有用。還有為數很少的一幫人，他們學科學純粹是出於好奇。

　　他們驚異於這個表面看來複雜多變的世界背後很可能是由一系列簡單而神祕的規則所支配運行的。他們未必想要利用這些規則幹什麼了不起的大事，但他們很想知道這些規則是什麼，並以此來看懂世界。就好像一群面對一台構思精巧的伺服器的駭客一樣，科學是對這幫人的一個挑釁。他們想要破解這個世界。而破解世界有兩個辦法：一個辦法是看書，一個辦法是直接上手幹。

　　看書學科學並不容易。很可能每個學物理的大學生，乃至任何一個想增長點智識的人，都看過《別鬧了，費曼先生》這本書。如果你看這本書的時候還沒學物理，你可能會因為看了這本書而想去學點物理。如果你看這本書的時候已經學了幾年物理，你可能會因為看了這本書而反思自己學過的全部物理。你不是反思自己學的那些「物理」對不對，而是反思自己是不是真學會了。根據費曼在巴西的經驗，很多物理專業的高分學

生其實沒學會物理。

巴西原來的物理教育，是一種八股文式的應試教育。他們把物理學變成一條條可以死記硬背的標準化知識點，學生們用完全被動的辦法把這些知識點輸入大腦以便考試的時候可以隨時檢索出來，卻並不知道它們的真正意思。費曼驚訝地發現巴西學生在能夠精確背誦「偏振光」（Polarized Light）知識條目中「布魯斯特角」（Brewster Angle）的定義和性質，甚至還在知道這個角度的計算公式的情況下，居然不知道海水表面反射出來的光就是偏振光。顯然課本上沒寫這條──課本上寫的是「一種具備某個折射率的介質」，而學生想不到海水其實就是這麼一種介質。更令費曼匪夷所思的是，物理學首先是一門實驗科學，而巴西的物理教科書裡居然連一個真正意義上的實驗都沒有，全是知識點。結果費曼指著鼻子告訴巴西的物理教授和政府官員們：你們巴西根本沒有在教科學！

也許中國的科學教育比當初巴西好一點，但考慮到中國師生同樣熱衷於考試，也許好不了多少。關鍵在於，科學既不是課本上那一條條知識點，也不是學科競賽中那一道道難題，它可以隨時取用於生活的實在經驗。真正懂科學的人不但得對所學知識倒背如流，還得能舉一反三，乃至於用這些知識解釋身邊的現象。能求解各種抽象難題，再厲害也不過是紙上談兵而已；而能把知識活學活用，才是真本事。

把杯子裡的水倒掉，再怎麼倒也會最後留下一些水珠，這是什麼原因？秋天的落葉，為什麼會打卷？桌子上有一攤水，

為什麼用乾抹布去擦，其吸水效果反而不如用濕抹布？解釋這些現象並不需要用到什麼高深的學問——真列出來的話，其背後的「知識點」可能甚至不會超過中學範圍。然而絕大多數人可能不但不會解釋，甚至不會想到這些問題。他們可以一邊複習表面張力的知識點一邊喝水，而完全不在意杯子上覆著的小水珠。

但是有人很在意。「科學松鼠會和它的朋友們」（Song-shuhui.net）寫的《再冷門的問題也有最熱鬧的答案》一書，就專門研究這類問題。此書既不談宇宙加速膨脹這種未解之謎，也不談全球變暖這種宏大主題，只談我們身邊隨處可見，卻又往往視而不見的科學現象。此書的緣起，是《新發現》雜誌和松鼠會搞了一個「Dr. You」欄目，由讀者提出各種「不按常理出牌的疑難問題」，松鼠會的一干松鼠再進行解答。松鼠們都是研究生或者青年科學工作者，他們分佈在世界各地通過網路互相聯繫。他們運用各自的專業知識提供答案，這些答案相當科學——實際上，如果一個松鼠給的答案有問題，馬上就會有另一個松鼠把它指出來，爭論是常有的事。不過此書有意思之處還不僅在於這些答案是正確的，而在於這些答案是「熱鬧的」，寫得相當輕鬆活潑。

科學知識是一種高度結構化的知識，其有一個很酷的性質：只要學會了一般原理，就能解決無窮多表面看來千奇百怪的問題。掌握科學知識的人可以一聽你的問題，不必親臨現場，完全憑藉邏輯推理就能告訴你答案。有時候他們推理出來的答案可能出乎意料甚至違反常識，然而你卻不得不服。

　　比如我們考慮這個問題：如果要用一根繩子緊貼地面繞地球一週，可以想像必然是一根很長的繩子。現在如果我們想把繩子抬高到距離地面一米，請問繩子要加長多少？不會算的人可能會被地球這種大尺度給矇住，而會算的人會立即指出繩子只需要加長6.28米就夠了。再比如說防洪的時候想要用鐵板把河岸臨時增高一米，請問這個鐵板需要多大的抗水壓能力？不懂的人可能會設想一個非常厚的鐵板，而只要你知道水壓只與深度有關，你就會明白鐵板其實用不著比水桶厚多少。

　　哪怕這個問題是全新的，在大多數情況下我們也能用舊的知識解決它。掌握科學知識的人有憑藉理論推導就能破解世界的力量。所謂運籌帷幄之中，決勝千里之外，這就是知識的力量。這樣說來任何一個問題背後的知識都能把人分為兩類：學過的和沒學過的。在大多數情況下，你要是沒學過，就只能服學過的。然而「學過」，也僅僅是懂科學知識而已，還算不上科學家。

　　科學家的工作不是使用科學知識，而是使用科學方法。《再冷門的問題也有最熱鬧的答案》這本書的最可貴之處，在於其中有幾個問題是不能用任何課本上的知識回答的。松鼠們除了算理論之外還要親手做實驗，甚至還要查學術論文，甚至最新的學術論文裡也沒有令人信服的答案。

　　比如煮熟的雞蛋，為什麼有的很容易剝殼，而有的卻不好剝，總有蛋白黏在蛋殼上？這個問題看似簡單，其答案卻絕不是任何一個人拿現有理論就能推算出來的。事實上，據松鼠「游識獸」介紹，第一篇關於剝蛋殼的論文出現在1959年，有

人實驗發現只有蛋清的PH值高於8.7，這個雞蛋才好剝。1960年代又有至少三篇論文研究為什麼PH值會影響雞蛋的「可剝性」，而直到1990年，還有人搞研究證明白色殼和褐色殼的雞蛋「在可剝性上沒有顯著的統計學差異」。而所有這些研究都是基於實驗和觀測的。

費曼也會讚賞這種實驗精神。但此書的實驗精神還不僅限於報導，而是直接動手。在回答完「為什麼杯子裡的水總也倒不乾淨」之後，「擦擦嘴」受到這個問題的啟發，發明了一個「偉大的滴水衣服加速乾燥法」。他的辦法是把一些三角形的紙片倒立貼在衣服上，以此促進衣服裡的水向下流動，因為這樣能讓衣服「乾得快多了」。他甚至還對比實驗了使用脫脂棉放水，結論是不如紙片。在研究「擠出來的沐浴露為何會打圈圈」這個問題的時候，各地松鼠紛紛付諸實踐。據說正在南半球某圖書館學習的「Robot」因為在洗手間實驗洗手液的旋轉堆積是否有方向性，還受到了保安的責難。

松鼠們並非總能給出最終答案。有人提問說為什麼泡好的茶葉有時候會浮在水面上，而咬一口再吐回去就沉底了？到底是什麼原理決定茶葉的沉浮呢？結果幾位松鼠，「hb-chendl」、「八爪魚」、「Lewind」和「雲無心」展開了爭論。有人認為是水進入茶葉細胞改變整體密度導致浮沉；有人則認為是茶葉表面的纖毛間氣泡的作用，並貼出茶葉的電鏡圖像；有人更認為杯子的溫度分佈也有影響。討論並未達成共識。茶葉的浮沉，竟是一個尚無定論的科學問題。

對熱愛科學的人來說，這難道不是一個非常值得慶幸的局

勢麼？原來連我們身邊的一些常見現象，都是現代科學還沒有給出確定答案的。一個類似的問題是為什麼像小雞、小鴨和鴿子這樣的鳥類在地面走路的時候會一邊走一邊點頭。也許提問的人沒有意識到，這其實是一個研究了七十多年而至今仍在爭論的問題。據「Fujia」、「八爪魚」、「Seren」的文章，各國科學家為此提出了多個假說，做了多個實驗，考察了300多種鳥類，而共識不可得。

這個世界比絕大多數人的想像要複雜得多，我們對它所知甚少。我們不但不知道宇宙為什麼會加速膨脹，甚至不知道小鳥為什麼一邊走路一邊點頭。與宇宙問題不同的是小鳥的問題就算將來得到確定的答案，這個答案恐怕也不會向我們揭示有關世界的什麼重大祕密。但是「尚無答案」這個情狀本身，已經足夠讓人感到安慰了。

試想要是不管誰提個什麼問題，你都明確知道儘管你不能解答，維基百科上卻總有現成的答案，這樣沒有懸念的世界豈不是毫無樂趣可言。我們仍然幸運地生活在剝個雞蛋都能寫篇論文的時代。這個世界仍然在等著被破解。

破解世界大概有兩個辦法。一個辦法是從已知推未知，只要掌握基本原理，似乎在理論上你就應該能推導出所有現象，只動腦而不動手。但《再冷門的問題也有最熱鬧的答案》這本書中的幾個例子恰恰告訴我們這幾乎是不可能的。現有的科學原理遠未完備只是一個原因，更重要的原因是複雜現象涉及的數學計算和各種相關因素多到根本不可能用理論推導的程度。

在這種情況下，「動手」才是更直截了當的辦法。當動腦的人高高在上俯視眾生的時候，動手的人很可能正蹲在地上滿頭大汗地擺弄。而且他們完全不怕把手弄髒。

人類自古以來敬重動腦的人，用動手的方法理解世界則是近代科學興起才有的習慣。古代中外各路哲人全都熱愛說理勝過熱愛事實。他們或者引用神話典故，或者引用先賢明言，而完全不屑於對照一下實驗結果。據說亞里斯多德也不知道出於什麼理論計算，認為女人的牙齒比男人少。他結過兩次婚為什麼就不數數自己妻子的牙齒呢？[1]

---

[1] 這句話是羅素說的，原話是「Aristotle maintained that women have fewer teeth than men; although he was twice married, it never occurred to him to verify this statement by examining his wives' mouths.」但據微博網友@whigzhou 考證，亞里斯多德得出這個結論其實正是基於經驗觀察，所以羅素（和我）在這裡犯了一個錯誤。同時感謝@youjiti。

物理學的邏輯和霍金的答案

　　明星物理學家霍金的新書《大設計》（*The Grand De-sign*）和當年的《時間簡史》一樣受到公眾和媒體的熱烈追捧，成為又一本能夠連續占據暢銷書排行榜的「物理書」。很多媒體關注的重點都是霍金在這本書裡排除了上帝存在的可能性，但其實這本書說的是比上帝存不存在更重要的事。它說的是為什麼會有這麼一個恰好適合人類生存的宇宙。

　　這大概是人類所能提出的最大問題了。宇宙為什麼存在？宇宙是怎麼起源的？我們這個宇宙的性質非常精妙地符合人類需求，那麼它是被「設計」出來的嗎？很多人認為物理學家跟哲學家以及宗教人士一樣，追問這些問題是為了獲得「內心的平安」，但物理學家跟他們不一樣。物理學有一套非常不同的邏輯。

　　我曾經在一次聚會上跟一位牧師聊天。這是一位非常虔誠的牧師，走到哪都帶著一個破舊的隨身聽（裡面有有聲版的《聖經》）。我以為我的知識足以挑戰他的信仰，我問他你怎麼可能相信地球是在六千多年前被上帝創造的呢？我們有充分的證據表明地球上有很多東西的年齡超過一百萬年。不料這位

牧師說了一個幾乎讓我目瞪口呆的理論。他說上帝創造萬物的時候可以創造各種年齡的萬物。這就好比說假設我現在可以創造出來一個人來，這個人的年齡看上去是20歲，可是他是什麼時候被創造的？現在被創造的。

這真是一個完美的理論，我無法從邏輯上質疑它的正確性，這位牧師靠這個理論獲得了內心的平安。可見獲得內心的平安是容易的事情，如果你相信上帝無所不能，上帝安排了一切，你就可以解釋任何現象，你就獲得了內心的平安。可是物理學家對自己有比「內心的平安」更高的要求。我對這個牧師說，我的理論不但能解釋各種化石的年齡，我還能對尚未發現的化石做出預言，你的理論也能解釋，可是你的理論能預言嗎？

判斷一個物理理論的好壞不在於這個理論是否符合人的直覺，或者是否夠漂亮，而在於它能不能做出預言。

與哲學家們整天為了堅持自己的學派和「信念」跟人吵架不同，物理學家從不執著於任何一個物理理論，堪稱是最徹底的革命者。但物理學家也有一個可以稱作「信念」的東西，這個信念就是世界應該是合「理」的。也就是說，物理定律應該適用於所有時間和所有地點，所有事件都必須精確地符合物理定律的數學方程式。

正是這個信念使得物理學家可以不斷地做出預言。如果有一個偵探發現1月1日有人被殺；2月1日又有人被同樣的方法殺死；3月1日還有人被同樣的方法殺死，他就會得出一個理論：罪犯在每月1日殺人。這個理論不但能解釋過去的三起殺人

案，而且能做出4月1日會有人被殺的預言。物理學家的思路與之類似，只不過對他們來說，4月1日必須有人被殺——不允許物理定律像犯罪一樣有被停止的可能。過去，電磁相互作用和弱相互作用被認為是兩種不同的力，而薩拉姆和溫伯格在1967年用一個統一的理論把這兩種力統一了起來。這個理論不但能解釋已知的現象，還預言了在這個框架內必須存在的三個新粒子，後來果然被試驗發現。反過來說，有人試圖把強相互作用也給統一進去，結果得到了幾個所謂「大一統理論」（GUT, Grand Unified Theory）。這些理論都預言質子應該會衰變，然而目前為止所有的實驗都表明質子就算真的會衰變，其半衰期也比任何 GUT 預言的都長，所以 GUT 理論就算再精妙也不能被接受。

既然所有事件都符合物理定律，上帝還有什麼用呢？如果上帝不能違反物理定律（比如說製造奇蹟），祂存不存在還有什麼意義呢？牛頓就提出了一種意義。

牛頓在解出行星軌道方程式之後發現引力會對這些軌道做出擾動。而這種擾動一旦累積起來就會導致軌道的不穩定，使得行星或者墜入太陽或者脫離太陽系。據此，牛頓認為上帝必須存在，只有上帝才能時不時地對地球軌道進行微調，確保穩定。要不是拉普拉斯後來證明這種軌道擾動是週期性的不可積累，物理學家大概也只好接受上帝是存在的觀點。

牛頓認為上帝必須存在的另一個理由則不需要祂的直接干預，這就是地球在太陽系的位置實在是太幸運了。方程式表明一個行星的軌道在一般情況下應該是橢圓形，圓形是非常特殊

的情況。如果地球軌道是橢圓，哪怕「橢」的不是特別厲害，其近日點和遠日點的溫度也將會非常不同，而不會有像現在這樣一年四季溫度相差不算太大的環境。而地球的軌道幾乎就是圓的！地球四季的溫差幾乎完全來自自轉和公轉的傾角，而與距離太陽遠近無關。地球的另一個幸運之處在於這個距離與我們這個太陽的質量正好搭配合適，哪怕太陽質量有20%的不同，地球也將因為過冷或者過熱而不適合生存。牛頓考慮到這些巧合，認為這一定是上帝安排的，就好像一個連續買彩票中大獎的人認為這是上天的眷顧一樣。要不是後來我們發現宇宙中有那麼多的行星系統，其中有一個適合生存的也不算意外，物理學家大概也只好相信這個巧合是安排的。

相對於那些因為自己「信仰」無神論而否定牛頓的人而言，像牛頓這樣的較真精神反而更了不起。現在，類似於牛頓遇到的這些問題仍然困擾著物理學家。這些問題的特徵就是我們這個宇宙實在太幸運了，差一點都不行！

第一個問題是宇宙起源的初始條件。天文觀測和經典理論都表明宇宙起源於大爆炸，而量子引力的進展則表明大爆炸比此前想像的要快得多，稱為「暴漲」（Inflation）。對宇宙微波背景輻射非均勻性的發現證實了暴漲理論。然而要想實現足以形成我們這個宇宙的暴漲，宇宙起源的初始條件必須滿足無比嚴格的要求。這就好像你要做一個炸彈，這個炸彈的形狀必須是一個絕對精確的球形它才能實現預期的爆炸效果一樣。除了上帝，誰還能準備這樣精確的初始條件？

第二個問題是各種物理參數為什麼如此地恰到好處。計算

表明如果把強相互作用的強度改變0.5%，或者把電磁相互作用的強度改變4%，碳和氧這兩個對生命至關重要的元素就不會出現；哪怕把質子的質量增加0.2%，它就會迅速衰變從而使得宇宙中根本不會有任何化學現象。另外，空間還必須是立體的，否則行星軌道就不會穩定。現代物理學無法從邏輯上解釋為什麼這些物理參數是這樣的，就好像一個網路遊戲玩家不能用物理定律解釋某些超強 boss 的武力值一樣，唯一的解釋似乎是它們是被「設計」成這樣的，否則這個宇宙或者遊戲就不好玩。

霍金在書裡給出了一個不需要設計者的解釋。霍金首先用所謂「無邊界條件」來取消了「宇宙創生之前發生了什麼」這個問題。即在早期宇宙的極端條件下，時間維被扭曲得好像一個空間維，也就是說那時候有四維空間而沒有時間，也就不存在「之前」的問題了。進一步，早期宇宙處於量子態，而它的歷史則是所有滿足「無邊界條件」的歷史疊加的結果。一個量子的宇宙可以自發地誕生。

正如量子力學中的一個粒子可以有多種不同的狀態，創世之後也可以產生多種不同類型的宇宙狀態。每一個可能的宇宙中都有自己的一套物理定律和物理常數，我們只不過恰好生活在其中一個允許星系和人類出現的宇宙中而已。這個道理就如同既然有非常多的行星系統存在，我們恰好得到一個適合人類生存的地球就並不奇怪。

霍金在書裡使用物理學的一些最新進展，比如M理論和他

本人在量子引力方面的研究成果作為論據，對這些大問題給了一個相當說得過去的答案。然而在專業的物理學家看來，這個論證很不嚴謹。書中用到的很多物理理論，比如說超引力，在數學上並不嚴格，更不用說M理論還遠遠沒有得到實驗證實。霍金幾乎是等於宣稱物理學家一直追求的「統一理論」已經成型，大問題的答案已經有了，可是很多物理學家不會同意他的看法，比如中科院理論物理研究所的李淼就不買賬。

不過，霍金也解釋了為什麼M理論是最佳選擇。首先，如果你的宇宙是一個連續系統，它的物理定律不隨時間改變，那麼其中必定能量守恆。其次，這個守恆的總能量必須等於0。這是因為如果能量大於零，宇宙就無法被憑空創造出來；而如果能量小於零，它就可以在真空中的任何地方出現。更進一步，既然宇宙的總能量為零，而在其中製造星球需要正的能量，那麼它就必須包含引力，因為引力提供負能量。最後，這個引力必須用超引力理論來描述才能消除無窮大項，而M理論正是超引力的最一般理論。

霍金甚至提出了這套理論的一個預言：如果宇宙真是這樣誕生的，那麼在微波背景輻射中應該能觀測到某種精微的特徵，這種特徵目前的觀測手段還看不到，但將來或許可以看到。

物理定律必須處處管用，以致於上帝就算存在也無事可做；而一個好的物理理論必須不但能解釋已知的現象，還能對未知的現象做出預言。這就是物理學的兩個邏輯。霍金的學說顯然符合第一個邏輯，只是不知道它能不能符合第二個。

怎樣用統計實驗檢驗靈魂轉世假說

> 上帝不需要製造奇蹟來反駁無神論。上帝平常的工作已經足以證明他的存在。
>
> ——培根

　　靈魂是否存在，人死之後是否能轉世，對這個問題無論是簡單的回答是或不是，都不符合科學精神。科學的態度是檢驗。然而單個的靈異案例總是偶然出現，不具備可重複性，從而無法令人信服。本文試圖根據現有的關於靈魂的傳說得到的一般常識，提出一個驗證「轉世投胎」真實性的可行實驗。這個實驗不同於傳統的「靈魂驗證實驗」，不涉及任何靈異現象，不需要任何精密儀器測量，其本質是統計方法。

　　這個實驗可以在任何時候，任何研究人員參與下進行，不需要氣功師，不需要靈魂召喚師，實驗過程可以重複。本人既不信仰上帝，也不敢斷定靈魂是否真的存在，這個實驗的設計完全客觀。

　　正如本文一開頭引用培根的話，如果靈魂真的存在，那麼就應該無處不在，而不是非得有靈異現象才能證明靈魂存在。一個有靈魂的世界，每個新生命都不是完全「新」的，其靈魂

必然已經經歷過好幾次別的生命；而在一個沒有靈魂的世界，每一個新生命都是完全新的。這兩個世界的表現如果完全一樣，那麼也就是靈魂不可測量，那麼有沒有靈魂這個問題就毫無意義，再用轉世輪迴學說去勸人向善也沒意義（因為反正都一樣）。因此我們可以假設，一個有靈魂存在的世界，必然存在某些可觀測的量，代表靈魂轉世對這個世界的影響。

通過閱讀大量的靈異案例（也就是天涯鬼話的「經歷貼」），我發現靈魂的一個性質：人死後的靈魂跟人活著一樣，都走不太遠。比如說一個人在某村死亡，其靈魂一般就近轉世，而不會跑到別的省去投胎。活著的人可以坐火車坐飛機，但靈魂一般不會，走路似乎是唯一辦法。這就是為什麼為了讓死者的靈魂回家，必須派人「招魂」。我們不妨把這個性質稱為「靈魂定域性原理」。

另外還有一個可以取得一般認同的性質，不妨稱為「靈魂繼承性原理」。這個原理是說，一個人上輩子的一些生活習慣、個人品質會或多或少的帶到這一輩子來。比如蘇東坡說「書到今生讀已遲」，就是認為有些人這輩子讀書讀不好，是因為他們上輩子沒好好讀書。這個原理是可以理解的，因為如果沒有這個原理，這輩子和上輩子完全不相干，那麼號召大家「不修今生修來世」的宗教也就沒什麼意義了。

根據靈魂定域性原理，在某地出生的嬰兒，一般來說其上一世應該就是在這個地方附近死亡的。假設有一對土生土長的廣東夫妻在四川工作一年，在這一年之中懷孕生了一個孩子，那麼存在一個很大的可能性，就是這個孩子上輩子應該是四川

人。現在再假設，這對夫婦生了這個孩子之後，立即返回了廣東。我們進一步假設這對夫婦從來不吃辣，家庭成員，同事朋友，也都不愛吃辣。

如果上面提到的兩個關於靈魂的假設都是對的，那麼現在一個不是靈異現象的靈異現象就可能發生了：這個小孩特別愛吃辣。

假設愛吃辣是遺傳的，如果不用靈魂轉世理論去解釋，沒有別的理論可以完美解釋為什麼一個廣東孩子居然愛吃辣。可惜廣東孩子愛吃辣一般不會被人當成靈異現象，所以我至今為止還沒有聽說過任何類似的案例，這只是一個假想實驗。

這個假想實驗並不科學，因為它存在很多偶然性。也許決定一個人愛不愛吃辣純粹是基因偶然變異導致的。甚至也許廣東夫婦碰巧在四川生了一個「路過」的河南孩子，這個實驗也會失敗。

真正的科學實驗必須這麼做：在河南省隨機選取2,000對適齡夫婦，然後隨機分為A、B兩個組，每組1,000對。在這2,000對夫婦都沒有懷孕的時候，A、B兩組同時出發，做同樣的交通工具，前往兩個不同的地方。A組轉了一圈之後回到了河南，而B組則被送往了沙烏地阿拉伯。注意，整個過程完全封閉，到達各自的目的地之後，兩個組的人分別住在各種設施完全相同的兩個大樓裡面，以致於這兩個組的夫婦完全不知道他們到了哪裡。比如說可以告訴他們，他們都在北京。

兩組受試者每天吃同樣的飯菜，看同樣的北京能收到的電視節目，做完全相同的事情，確保他們的確相信自己就在北

京。比如說兩個組吃的食物，完全從北京空運來，而絕不在當地購買。所有受試者，當然絕對不允許走出大樓。也就是說，除了地理坐標一個組在河南，一個組在沙烏地阿拉伯之外，這兩個組的人所有其他方面都完全一樣。

2,000對受試者的唯一工作就是生孩子。在理想的情況下，2年之後，我們得到了2,000個左右的孩子。然後兩個小組再乘坐完全封閉的，相同的交通工具返回河南。兩個小組都解散，所有人過正常的河南生活。如果實驗控制得好，不管是受試者本人還是外人看來，這兩個組的夫婦和孩子應該沒有任何不同之處。

如果轉世是真的，並且「靈魂定域性原理」正確，那麼一個顯然的推論就是，A組的1,000個孩子上一輩子大都是河南人，而B組的1,000個孩子上一輩子大都是沙烏地阿拉伯人。選擇沙烏地阿拉伯的一個原因是那裡的中國人較少，因此即使在轉世投胎過程中靈魂更傾向於尋找本民族的父母，也一時之間湊不夠1,000個中國靈魂。

進一步，如果「靈魂繼承性原理」也正確，那麼當這生活環境完全類似的2,000個孩子長大之後，我們可能會發現，B組的孩子對阿拉伯語的學習很有天賦，而且傾向於伊斯蘭教。甚至更進一步，B組的孩子長相上應該也帶有一點沙烏地阿拉伯風格。如果我們的確觀測到了這些現象，那麼這個實驗就徹底證明了靈魂轉世的真實性。另一方面說，如果沒有發現這樣的偏向性，那麼就說明靈魂轉世學說有問題。1,000個樣本在統計學上足以說明問題，因此這個實驗是可信的。

　　這是一個完美實驗，唯一的問題是倫理問題。拿人做實驗怎麼說都有點像納粹。有沒有更簡單的辦法呢？一個辦法是被動蒐集「在四川出生的廣東孩子愛吃辣」這樣的案例。還有一個辦法是用動物做實驗。

　　我曾經聽到一個說法，說大多數豬的上輩子和下輩子都是豬，不太可能變成人或者梅花鹿。如果加上這個假說，那麼我們可以把上一個實驗的受試者改成豬。B組地點還是選擇沙烏地阿拉伯，因為沙烏地阿拉伯這個地方不養豬。也就是說，B組出生的小豬，其絕大部分是幾百年來第一次當豬；而A組的豬，則都是「有經驗」的豬。沒經驗的豬和有經驗的豬在生活習慣上會有什麼不同呢？我猜想總會有些可觀測的不同點吧。

　　B組實驗的另一個可能結果是其出生率遠遠小於A組。如果能排出其他所有可能性，唯一的解釋就是沙烏地阿拉伯沒有那麼多「豬靈魂」的供應。

　　這樣我們就可以從實驗角度去驗證靈魂轉世學說。

一個關於轉世的流行病學研究

　　很多人相信人死之後，其意識並不會立即消失，而是以靈魂的形式飄蕩一段時間，並且有可能再次轉生為人。這個說法沒有任何直接的科學證據：靈魂活動似乎根本沒辦法用儀器測量，而且現代科學認為人的一切意識都是憑藉大腦的硬體實現的，根本不允許脫離肉體的意識存在。而在我看來更重要的一點，則是現有的科學理論已經能夠很不錯地解釋整個世界，似乎並沒有哪些事情非得用人有靈魂來解釋不可。

　　或者，除了某些「小事情」之外。我們經常在網上論壇看到一些靈異事件的「經歷貼」，其中描述的靈異事件似乎只能用真有鬼來解釋。在以宣傳無神論為己任的科普人士看來，這些經歷就算再離奇，背後也一定有一個科學的，甚至是簡單到可笑的解釋。但這樣的態度顯然沒有讓所有人信服。比如劉衍文老先生在上海書評連載《寄廬志疑》，其中提到很多靈異事件，就對「科普們」對這些事件的可能解釋表示了不屑一顧。

　　其實之所以長期以來都是「科普們」而不是科學家關注靈異事件，一個重要原因可能不是科學家傲慢，而是這些事件實在很難認真對待。科學研究的第一步是證據。而鬼，如果真有

的話，他們的出現具有很強的隨意性，幾乎沒法搞實驗。網上的經歷貼事實是否成立都不好驗證，就算有科學家真信了，興沖沖跑到現場，鬼不來了又怎麼辦？或者就算鬼還是來了，可只有你能看見我看不見，儀器測不到，我又怎麼辦？再或者就算有科學家拿著儀器真的在某個凶宅裡拍攝到了不正常的「影子」，那麼這段錄像到底有沒有技術錯誤又是一個問題。除非能夠大規模地重複驗證一種靈異現象，才有可能讓科學家認真起來。

研究

一個紐約警察，化名約翰（John），經常跟自己的女兒，化名多琳（Doreen），說：「不管發生什麼事情，我都會照顧你。」1992年，約翰在一起搶劫案中中槍而死。他一共被擊中六槍，其中致命的一槍從後背進入，割破了左肺和心臟，並導致肺動脈破裂。

五年後，多琳生了個兒子，化名威廉（William）。威廉一出生就有缺陷，他的肺動脈隔膜發育不全，血液有時候不能進入肺；他的一個心室也沒發育好。幾次手術之後威廉仍然要終生用藥，但除此之外，他是個相當正常的孩子。

威廉三歲的時候有一天多琳讓他不要鬧，否則就會打他。可是威廉說：「媽媽，當你是小女孩，而我是你爸爸的時候，我從來沒打過你！」起初多琳沒當回事，但後來威廉不斷告訴她他曾經是約翰。他陸陸續續談過很多約翰的事情，其中包括那次槍戰。他記得多琳小時候家裡養過的貓，他的一些習慣也

與約翰相同。但是最讓多琳震撼的是有一次威廉對她說：「別擔心，媽媽。我會照顧你。」

這種兒童回憶起自己「前世」的案例並不算特別稀奇，可能每個人都時有耳聞。這裡面沒有什麼鬼魂的直接出現，相當於是沒有靈異現象的靈異事件，反而比較適合作為研究對象：「轉世兒童」和他們的家人，乃至他們「前世」的家人，就在那裡，研究人員可以隨時過去拜訪。維吉尼亞大學醫學院有一個知覺研究部（Division of Perceptual Studies），專門研究此類事件。該機構的研究人員吉姆·塔克（Jim Tucker）在2005年出了一本書，《當你的小孩想起前世》（*Life Before Life: A Scientific Investigation of Children's Memories of Previous Lives*），向我們介紹了他們取得的成果。

在醫學界和心理學界，如果科學家想要研究某個因素對人的影響，比如吸菸是否有害健康或者受虐待兒童長大以後是否犯罪率更高之類，往往無法直接做實驗，而只能採取蒐集案例做統計分析的辦法，這個方法稱為「流行病學（epidemiology）」。流行病學的結果遠遠不能作為最後的科學結論，但是這個方法仍然是科學的方法，也可以說是在你沒有別的辦法的時候所能使用的最科學辦法。塔克等人研究兒童的轉世回憶，採用的就是這個辦法。他們總共蒐集了超過2,500個案例。

轉世

這些兒童大多在兩到四歲之間，開始跟家長說自己有一個「前世」（根據科學精神這裡應該使用引號，但為行文方便以

後引號一律省略）。他們往往會給出前世生活的諸多細節，甚至包括具體的地點和名字，他們要求家長帶領自己去尋訪前世的家庭。如果根據孩子的論述真的找到了其前世的家庭，研究人員就把這個案例稱為「告破（solved）」，否則就是「未告破（unsolved）」。一旦得知有這麼一個事件，研究人員就會設法儘快趕到。很多案例發生在亞洲國家，尤其是印度、斯里蘭卡和泰國，這樣美國的研究者需要在當地設立線人來隨時通報新案例。在絕大多數情況下等研究者知道的時候，案例已經被告破了。但也有一些案例，是研究者跟著這個兒童今世的家庭一起去尋訪其前世家庭，這樣的案例顯然更為可靠。

前面威廉這個案例的一個特別重要之處在於，威廉的出生缺陷正好和約翰的致命傷在同一個地方。事實上，研究者一共蒐集到了225個有前世回憶，並且又有先天缺陷——更常見的是有胎記——的案例。如果他們的前世死於暴力，那麼這些兒童的胎記或先天缺陷就恰好與其前世受的傷是在同一個地方。另一種情況則是有些亞洲地區有在死者身上用顏料做個記號的習俗，而其轉世的孩子會在做記號的這個地方恰好有一個胎記。跟回憶和敘述相比，胎記和先天缺陷是硬邦邦的物理證據，所以研究者特別重視這樣的案例。他們會親自查看兒童，並且去當地機構尋找其前世死亡時的醫生證明，並且把這兩個東西對比。有時候隨著兒童慢慢長大，胎記的位置會發生些許變化，顏色也會變淡，不過對應得仍然很明顯。

有些兒童對前世的家庭有強烈的感情依賴，他們甚至會要求前世親人定期來看自己。有的保留了前世的生活習慣，比如

菸酒愛好，而今生家人均無此愛好。有的會做出前世工作時候（比如打鐵）的動作。有的甚至在遊戲中模擬自己前世死亡的過程，包括拔槍自殺！在印度有個出生於低種姓家庭的孩子認為自己的前世是高種姓，從小拒絕吃家裡的食物，鄰居幫著用高種姓方法做了一年飯才改過來。有好幾個出生於緬甸的孩子聲稱自己前世是二戰時期死在這裡的日本兵，他們喜愛日本式的食物，拒絕穿當地的服飾，而且非常害怕飛機。前世是非正常死亡的，35%表現出對該方式的恐懼——尤其是水，53個淹死的中，有31個怕水，有的甚至必須由兩個人按住才能洗澡。有一個女孩前世因為躲避一個公共汽車而掉到池塘裡溺水而死，結果今世既怕汽車又怕水。在轉世過程中改變性別的，表現為「很不適應」，比如女孩強烈要求當男孩。

而所有這一切，不管是轉世回憶還是前世對今生感情的影響，大都會在七歲以後慢慢淡化乃至忘記。這些孩子長大以後跟別的孩子沒有任何區別。有個女孩剛會說話的時候強烈要求父母找到了前世的家人，包括丈夫和兒女，她要求他們必須每週都來看她，以致於她前世的丈夫及現在的妻子都不幹了。然而等到這女孩七歲以後，她反而覺得前世的家庭成了她的累贅。但是也有一個極其罕見的案例，一個男孩找到了前世的妻子，一直到長大以後仍然跟她保持著感情，並且不顧年齡差距再次與之結婚！

質疑

怎樣合理地解釋這些事件？一種可能性當然是這一切純屬偶然。小孩子什麼話都有可能說，如果當了真並且按照他們說的去找，也許真的就能找到這麼一個死去的人，正好符合他說的。書中提到英國赫特福郡（Hertfordshire）大學的心理學家理察・韋斯曼（Richard Wiseman）就持這種觀點，並且組織了一個實驗來驗證。他找到幾個孩子來編造他們的前世，然後尋找能與之對應的死亡記錄。韋斯曼得到的最好案例是一個三歲的小女孩說自己的前世三歲時被怪物咬死。韋斯曼找到的是一個被綁架並被殺害的女孩，這個女孩和被編造的那個前世有相同的頭髮和眼睛顏色，甚至都穿粉色帶花的衣服，並且都住在海邊。

但跟轉世研究者的案例相比，韋斯曼的編造案例缺乏一些重要的東西，比如說具體的人名和地點。實際上有些兒童不但說出了前世家人的名字，而且回到前世家裡之後還能指出一些別人不可能知道的物品的存放地點。有時候他們不經詢問就告訴前世家人自己死之前家裡情況跟現在的不同。

在一個案例中，兒童向他前世的兄弟指出自己曾經送給過他一把槍，而這把槍的型號在當地非常罕見，更何況事情只有兄弟二人知道。在一個有研究者陪同下指認的案例中，兒童不但說對了前世村子裡所有的人，而且遇到一個其死後才搬來此地的人，並表示不認識這個人。在很多情況下今世家庭與前世家庭根本不認識，有些尋訪前世家庭的工作是今世家人委託第

三方去辦的，這種有多人參與的案例可信性就更高。真正有價值的案例都有這樣一個特點：兒童說出了他根本不可能知道的訊息。

那麼有沒有可能是兒童家人的錯誤記憶呢？比如說也許這一家人很願意相信轉世，孩子其實說過很多話，但家長卻對那些印證了的話記得特別深刻，甚至自己主動腦補，把沒說對的也算成說對了的。但有三十多個案例是家長寫下孩子對前世的陳述，然後拿著這個文字記錄去尋找並且被告破了的，這就大大減少了錯誤記憶的可能性。研究者對比了有文字記錄的案例和沒有文字記錄的案例，發現其中孩子事前陳述的準確度分別是76.7%和78.4%，非常接近，而且有文字記錄的平均陳述條數不是更少，而是更多。這個70%多的準確度似乎是可以接受的，就算我們這些成年人回憶早年的事情，沒有生死之隔，也未必能100%說得準。

為避免記憶錯誤，研究者還想了另一個辦法。他們會在時隔幾年之後讓另一個研究人員，在不看原來案子記錄的情況下再次訪問這個家庭。如果是記憶錯誤，那麼隨著時間推移，這個案例的強度會被加強（因為一廂情願相信轉世的家人會往「強」的方向上編），但是結果恰恰相反，時間推移以後案例反而變得不那麼鮮明了，就好像是真實的記憶一樣。

還有一個可能就是造假。但造假對有回憶兒童的家庭來說似乎沒什麼好處。研究者不會給他們提供任何「採訪費」，而他們卻不得不在家裡不厭其煩地接受陌生人的詢問。在絕大多數情況下，今世家庭沒有向前世家庭提出任何財物的要求。而

在很多情況下，今世家庭根本不願意去尋找什麼前世家庭，往往是孩子強烈要求才不得不去。有一個例子中一個女孩的前世是某個手藝人的妻子，地位較低，而其今世家庭地位較高，這導致她的父親極其反感她談論前世。

當然，也有可能是研究者在造假。我們完全可以想見從事這種研究不可能獲得什麼真正的學術聲望，而研究者們的確也不是什麼學界大牛，他們發表論文的期刊也不是「國際主流刊物」。也許他們——不是一兩個人，而是一整個部門——為了出名或者獲得經費（這個項目的經費來自私人捐款，並非政府撥款）而偽造了這一切。不過正如作者所說，他們保留了數千份檔案。

整個研究還有一些別的可供吐槽的地方。一個弱點是美國的案例太少，相當多的案例來自亞洲國家。可能是因為只有20%左右的美國人相信轉世，所以他們不怎麼報告，甚至有可能轉世不怎麼在美國發生。但也有一種可能是亞洲人因為過於相信而自覺或不自覺地誇大了案例。

另一方面，胎記和出生缺陷是相當硬的證據，這個似乎沒法用錯誤記憶之類的理論解釋，如果是巧合那就是極其罕見的巧合，如果是造假那就是非常困難的造假。

也許轉世回憶這個事情真的值得認真對待。事實上要說反偽科學的「科普們」，卡爾·薩根（Carl Sagan）應該是其中的翹楚，但就在他《魔鬼出沒的世界》這本強烈批評迷信的書中，也承認兒童轉世回憶也許是個值得認真對待的問題[1]。

那麼，我們不妨就以認真的態度來考察一下這些案例。也許我們可以更大膽一點，先假設這些轉世案例都是真的，而且都是真的轉世。

新知

一個好的研究應該不但能印證人們心中已有的觀念，還能告訴我們一些以前不知道的事情。研究者從這些案例中發現了一些相當有趣的結論。

在那些現在已知前世的死亡方式的案例中，有70%是非自然死亡，也就是說死於謀殺或者意外。而在剩下的這30%中，也有很多是死於心臟病突發之類的原因。也就是說這些有前世回憶的兒童，他們中的大多數人的前世不是像一般人那樣平平淡淡地、可以預見地死在床上的。另外，全部案例中有75%的人談論了前世的死亡過程，但對於其中正常死亡的，這個比例則只有57%——暴力死亡者更可能談論自己的死亡方式。這似乎給「為什麼不是每個人都有前世回憶」這個問題提供了一點線索。也許在正常情況下每個人都安安靜靜地死去，然後會有某種機制（比如「孟婆湯」）抹去前世的記憶，然後再轉世。但是那些意外死亡的人因為是「意外」，這個機制被破壞了，以致於出生以後還保留了前世的記憶。塔克對這個問題的一個假說則是可能一般人死了之後不會轉世，只有那些由於某種未盡之事想要再回來的人才會轉世。但是也沒有任何記載說這些人有報仇之類的行為。

我以前看了很多鬼故事論壇的「經歷貼」，曾經提出轉世

有一個「靈魂定域性原理」：也就是說人死了之後一般就近轉世。有人對此提出異議，認為應該是每個靈魂由某個中央系統統一安排在世界各地轉世，不受地理的限制。但從這本書給的案例來看，「靈魂定域性原理」還是大體成立的。其中提到前世和今世家庭距離最遠的一個案例是400英里，但間隔時間超過40年。很多案例都是轉世在幾十英里範圍內臨近的村莊，這個距離對印度和斯里蘭卡這些國家來說已經遠到去一次不容易的程度，但仍能通過第三方接上頭。

不但如此，很多情況下兩個家庭還有某種關係。書中介紹有一個針對971個案例的統計，發現其中：

- 195個案例是在同一家庭內部轉世；
- 60個案例中兩個家庭有密切聯繫；
- 115個案例中兩個家庭有微弱聯繫；
- 93個案例中兩個家庭認識，但無聯繫；
- 剩下的508個案例中兩個家庭完全是陌生關係，其中239個是已告破的案例；
- 全部971個案例中有232個是未告破的。

從死亡到轉世的間隔時間長短不定，統計發現其中位數（一半人比這個時間長，一半人比這個時間短）是15～16個月。在這段時間內發生了什麼？有一個研究的1,100個案例中有217個談論了自己死後到出生前這段時間發生的事情，包括葬禮、受孕和出生這種地球上的事情，以及「另一世界」的事

情，比如說天堂。似乎沒人提到地獄，也許進了地獄的都未能轉世。有的只談論其中一種或幾種經歷。其中像葬禮和出生前胎兒狀態的描述是有人證實的，所以似乎值得嚴肅考慮。對比之下，研究者對「另一世界」的言論持非常謹慎的態度，甚至不願意討論——不是因為宗教原因，而是因為另一世界的事沒辦法驗證。不過他們還是做了一點統計。

你願意死後直接就近轉世，還是先到比如說天堂這樣的地方跟有關人員或者有關部門，見個面再轉世？我想可能很多人都會選擇後者。自然死亡者比非自然死亡者報告「另一世界」經歷的可能性略高，比例是19%對13%。而突然死亡的人，報告另一世界經歷的可能性則比非突然死亡者小，12%對22%。這個結果似乎比較符合人們心目中「自然死亡是一種福氣」的認識。

那麼，到底生前是什麼樣的人有機會前往「另一世界」呢？這個結果恐怕就要讓某些宗教人士失望了。研究者儘可能地統計了案例中前世人物的以下特徵：

- 他富有嗎？
- 他是犯罪分子嗎？
- 他是否樂善好施？
- 他是否熱衷於宗教活動？
- 他是否是個沉思者（meditator）？
- 他是否過著一種聖潔的生活（saintly）？

　　結果發現以上所有特徵都與是否報告兩世之間地球活動無關，而且除了一個特徵之外，也都與是否報告「另一世界」經歷無關：沉思。只有沉思者更容易報告曾經前往另一世界。

　　「沉思」這個結果並不說明什麼。也許大家的機會都差不多，只有沉思者的觀察比較細且記性比較好。但更關鍵的是這個統計的樣本實在太少了，只有一部分案例中的前世人格被統計下來，比如在1,100個案例中其實只有33個沉思者。但熱衷於宗教活動的人士並不比犯罪分子更有可能前往天堂這個情況，仍然相當引人注目。

　　我們這些俗人更關心的一個問題是前世對今生有什麼影響，也就是說，這輩子需要做些什麼，下輩子才能出生得好一點呢？研究者也考察了前面各項與今世這個兒童所在的家庭的經濟地位和社會地位之間的關係，結果是：前世聖潔的生活，對今世出生的經濟地位很有「幫助」，並且對今世出生的社會地位有一定幫助。但是這個經濟和社會地位，是指實質地位，而與印度社會的種姓無關，也就是說聖潔生活不能確保下輩子生於高種姓之家。至於其他所有各項，均沒有關係。這樣，那些相信這輩子樂善好施會導致下輩子出生於富貴之家的人可能要失望了。

　　從這些極其有限的統計結果來看，亞洲人普遍相信的「因果定律」似乎沒有起到作用。不但如此，我們還從案例中看到有好幾個日本侵略者在緬甸就地轉世為人（而沒有進入「地獄」或成為「獸類」），自殺者照樣轉世，這些都與某些宗教人士的說法不同。另外塔克在書中提出胎記和出生缺陷這個情

況也不符合因果：為什麼是受害者，而不是殺人者，下輩子帶著胎記和出生缺陷？也許這裡起作用的不是因果定律而是某種自然定律，比如意識影響身體之類。

議論

這些研究也許會使有些讀者更加相信轉世的存在，但它們遠遠不能「證明」轉世。我們不知道有什麼機制可以讓意識脫離肉體存在，這件事完全不能用現有的任何科學理論解釋。流行病學研究通常不涉及機制，但這些案例數目就算按流行病學的標準也不夠強。

也許更重要的一點是，正如本文開頭所說，現有的科學理論對世界的解釋已經相當不錯了。一個沒有轉世現象的世界觀並沒有讓任何科學家感到不安。我覺得如果轉世存在，那麼就應該無處不在，就算有「孟婆湯機制」，我們也應該能夠是用什麼手段測量出來「普通人的轉世」。更進一步靈異現象也應該無處不在，我們生活中應該時刻都有一些使用現代科學解釋不了的現象。而事實是靈異現象都比較罕見。

我非常欽佩研究者們做這個研究的勇氣。他們既沒有受到「主流科學」的影響，也沒有受到宗教的影響，他們既不相信有神論也不相信無神論，他們只看證據。實際上他們似乎也沒怎麼受到「主流」的打壓，也許除了大學同事的背後議論之外。他們使用的是科學方法，這些簡單的前往現場驗證事實、統計、發現相關性的辦法並無出奇之處，但他們做了現有條件下能做的一切，除非做個轉世實驗。

　　所以這個研究的一個重大意義就是告訴人們：哪怕你關心的是「靈魂轉世」這樣的問題，你唯一正確的判斷辦法仍然是科學方法。

---

① 卡爾・薩根，《魔鬼出沒的世界》（李大光譯），第十六章：「在這本書的寫作期間，在超感官知覺領域有三個命題，以我之見，值得認真研究：(1)通過獨自思考，人（勉強）可以影響電腦的隨機數產生器；(2)人在適度的感覺喪失的情況下可以接收到投射向他們的想法或圖像；(3)小孩子有時會講出前世的細節，並被證明是準確的，除再生之外別無其他途徑可以知道。我提出這些命題不是因為它們可能是合理的（實際上我不讚同這些命題），而是因為它們可以作為可能是正確的論點的例子。後三個命題至少有一些，儘管仍是可疑的實驗支持。當然，也許我錯了。」

擺脫童稚狀態

　　中國民間有一個「七十三，八十四，閻王不請自己去」的說法，說在這兩個年齡上的人更容易去世。這個定律從直覺上就不太可能是對的。我們設想，應該是因為孔子和孟子分別死於這兩個年齡，人們認為這是人生中的兩道大關，然後每當聽說有人在這個年齡去世都會進一步加深印象，以致於總結了這個純粹是錯覺的定律。但有人不滿足於直覺分析。

　　一篇網上流傳的文章[1]認為這是一個「科學家驗證」了的規律：「科學家的回答是肯定的」。這篇文章說「科學家們經過了反覆的研究」，發現「人的生命有一個週期性的規律，大致是7～8年為一個週期」，而73歲和84歲正是這個週期的低潮。我不知道這個週期學說是哪個科學家的理論，也許來自某人解讀的《黃帝內經》[2]吧。問題是，這篇文章把「能找到一個理論解釋」，當成判斷一個學說是否科學的標準──如果能用理論解釋，它就是科學驗證了的嗎？

絕學與證據

　　不管你用來解釋的理論對不對，這都是一個錯誤的判斷標準。能用理論解釋的結論未必正確，不能用理論解釋的結論未

必錯誤。古代文人的思維習慣，是遇到無法判斷對錯的局面就查經典，想獲得理論上的指導。而科學家的方法則要樸素得多：你直接用事實驗證一下不就行了嗎？我們根本不需要任何學派的任何醫學知識，甚至不需要什麼邏輯推理，只要隨便找個死亡年齡分佈數據就會發現73歲和84歲並不比其臨近年齡更容易讓人死亡。這個工作是如此簡單，據說③連北京電視台都做過。

古人說「為往聖繼絕學」，很多現代人也追求用某種特定理論來指導實踐，好像不用這個理論就對不起別人一樣。科學家不從絕學出發，而選擇從證據出發的根本原因不僅僅是科學尚未達到找到絕學的程度（物理學家仍未找到統一理論），更是因為就算有絕學也無法解決所有問題。就算我們完全知道人腦中每一個原子，進而到每一個大分子，進而到每一個細胞是怎麼回事，也無法從中計算出心理學來——因為這是不同尺度上的問題，這種跨尺度的計算量大到了即使是科幻世界裡也不可能的程度。

科學家強調事實。科學放棄了從一套最基本的哲學出發推導所有結論的嘗試，改為在每一個領域內就事論事地蒐集事實。有人指責科學家說你們相信現代科學理論難道不也是一種迷信嗎？但科學家其實不迷信任何理論——很多情況下他們完全用不上什麼絕學，唯一做的事情就是把事實蒐集在一起，就好像集郵一樣。只要有證據，反駁一個理論是非常簡單的事情。

但是要想用證據建立一個理論，則要困難得多。只有運氣好的時候，科學家才能在大量事實中發現一些有趣的規律，以

致於可以向形成科學理論的目標前進一步。

相關性思維

最簡單的規律叫做「相關性」。人是如此複雜的東西，我們根本沒辦法精密計算各種物質致癌的機率，比如說吸菸對肺癌的作用。科學家常用的是沒有什麼技術含量，不需要任何高科技儀器，更談不上什麼門派的辦法：他們直接調查吸菸人群和不吸菸人群的肺癌發病率。

這種研究要把被調查的人分組，比如分成兩組：得了這種病的患者一組（病例組，case），沒有這種病的人一組（對照組，control）。然後考察這兩組人在生活習慣、飲食、吃藥方面有什麼不同。如果你發現患有肺癌的人中菸民比例顯著地高於沒有肺癌的人，你就得到了肺癌與吸菸的一個正的「相關性」。這個方法很簡單，得到的證據卻是強硬的。睡眠時間與判斷力的關係，孕婦焦慮與小孩任性的關係，出生季節與平均壽命的關係──我們看到的大量科學新聞，本質上都是相關性研究。

相關性研究只是科研的初級階段。但就是這樣它也已經超越了我們的思維本能。某些人只要被某地區生產的產品坑過一次，就會認為這個地區的所有產品都不好，他們的發現連相關性都算不上。我們每天看到鋪天蓋地的各種營養品的廣告往往都能找到幾個用戶出來現身說法，可就是沒有一個療效相關性的數據。「一朝被蛇咬十年怕草繩」，是人這種動物的最自然思維，而使用大規模統計發現實在的相關性這個最簡單的科學

方法，是我們擺脫童稚狀態的第一步。

絕大多數人沒有相關性思維。比如在一篇討伐網癮的文章④中，作者援引「戒網專家」陶宏開的數據說：

中國80%的青少年犯罪與網癮有關，中國20%的網癮少年有違法犯罪行為。

在另一篇文章⑤中則有人進一步指出：

濟南在押的1,500名少年犯中，80％是「網癮」造成的，北京更是有90%的青少年犯罪案與「網癮」有關。

我們能否根據這些數字得出結論說：網癮人群比沒有網癮的人群更容易犯罪呢？

不能。我可以構建這麼一個國家，這個國家80%以上的青少年有網癮，而這個國家的所有青少年，不管有沒有網癮，都有20%的犯罪機率。這個虛擬國家完美符合以上數據，但是它的犯罪與網癮完全無關。實際上，如果你把「網癮」改成「錢」，甚至「空氣」，那麼我們可以說「中國百分之XX的青少年犯罪者都缺錢／需要空氣，中國百分之YY的缺錢者／需要空氣者有犯罪行為」，而缺錢和需要空氣不是毛病。

這個錯誤就是沒有建立對照組。我們缺少的關鍵數據是沒有網癮的青少年的犯罪率，以及沒有犯罪的青少年的網癮率。這是一個非常常見的錯誤。這就好比說列舉再多「發達的民主

國家」，也不能說明民主與發達的相關性，你還必須統計那些
不發達的民主國家、不民主的已開發國家，以及既不發達也不
民主的國家。

怎樣發現因果

發現相關性，已經是一個足夠發表的科學成就，但相關性
結論並不能指導實際生活。假設我用無可置疑的統計事實告訴
你「吸菸的人更容易得肺癌」，而你不想得肺癌，那麼你是否
能推論出應該因此戒菸呢？

還是不能。因為你無法從「吸菸的人更容易得肺癌」和
「肺癌患者大部分都愛吸菸」這兩個統計得出「吸菸導致肺
癌」這個結果。也可能肺癌導致吸菸，比如說也許癌變的肺會
使人對菸產生需求。也可能存在某種基因，這種基因會使得一
個人天生就容易得肺癌，而這種基因同時還讓一個人天生就喜
歡吸菸。也可能吸菸的人往往是喜歡深夜工作的人，是深夜工
作導致肺癌。也可能吸菸的人往往是經濟狀況比較差的人，其
居住環境和營養不行，是貧困導致肺癌。

有相關性未必有因果關係，這是一個非常重要的思維。中國
青少年網路協會和中國傳媒大學調查統計研究所發佈的《2009
年青少年網癮調查報告》是一份值得發表的研究[6]，因為其中給
出了一些明確的相關性數據，比如：

對自己學習成績評價越不好的在校學生中，網癮青少年的
比例越高。認為自己「成績較差」的學生中，網癮青少年的比

例達到28.7%，認為自己「成績一般」的學生中，網癮青少年的比例為14.5%。而自我評價「成績很好」和「成績較好」的學生中，網癮青少年的比例均在11%左右。

那麼，根據這份報告我們能否得出一個結論說：網癮是個壞東西呢？

不能。也許並不是因為網癮導致青少年成績差，而是那些成績差的青少年更容易得網癮。報告沒有統計網癮與犯罪率的關係，但就算真的是越有網癮的人群越容易犯罪，我們仍然不能說網癮導致犯罪。比如我可以提出這麼一個假說：

我認為網癮是個好東西，因為它可以減少青少年犯罪。在任何國家的任何時候，都有一幫青少年對學習不感興趣，整天無所事事。他們喜愛在街上遊蕩，都是潛在的犯罪者。因為網路遊戲的出現，相當一部分這樣的人被留在了家中和網咖裡，他們的野性在遊戲中得到了發洩，以致於減少了出去犯罪的慾望和時間。

報告和前面提到的所有統計數字都無法反駁我的這個假說。我甚至可以用這份報告支持我的假說。報告中提到一個有意思的統計是「在社會經濟發展水平低的城市，網癮青少年的比例更高」，這正好可以說明無所事事的人更容易得網癮。

想要明確證明吸菸導致肺癌，唯一的辦法是做實驗。找完全相同的兩組健康的人，讓其中一組吸菸另一組不吸，其他各

方面生活都完全一致。20年之後如果吸菸組中的肺癌患者數高於不吸菸組，那麼鑒於這兩個組的唯一區別就是吸菸，我們就可以斷定是吸菸導致了肺癌。

可是現實世界中根本不存在「完全相同」的兩組人，這種理想實驗無法進行。好在科學家有一個退而求其次的巧妙辦法：找一群人，然後完全隨機地把他們分為兩組去做實驗。在樣本數足夠大的情況下，隨機性可以保證任何不同因素都可以大致均勻地分配到兩個組裡。這就是在關於人的研究中最重要，也是最可靠的辦法。然而世界上不存在絕對完美的隨機實驗，比如為了讓實驗結果具備推廣價值，樣本應該盡量多樣化，男女老幼，各種收入狀況，各個種族都有才好，但這其實很難做到。很多實驗心理學家選擇的樣本全是在校大學生，他們的結果能推廣到所有人嗎？有人對此譏諷說他們研究的心理學應該叫「大學生心理學」。

更大的困難在於，大多數情況下你不能拿人做試驗，比如不能逼人吸菸。這時候就只能被動地集郵，而通過純粹的被動調查來做研究的方法叫做流行病學（epidemiology）。最容易的流行病學研究是所謂回溯性（retrospective）的問卷調查：先找到病人，然後詢問並比較他們的生活方式。這種調查的難度在於病人對自己以往生活的回憶常常不準確，甚至是有偏見的。他們可能會自己推斷出一種病因，然後刻意地強調這種病因。就好像想要討好醫生一樣，那些得了肺癌的人可能會誇大自己的吸菸史。一個更可靠的辦法是前瞻性（prospective）調查。比如說科學家想知道核輻射對人體的損害，現在日本地震導致核洩

漏之後哪些地區的哪些人受到了輻射是非常明確的，根本不用對他們進行問卷調查，自然也就沒有偏見。有了乾淨的初始數據，科學家只要長期跟蹤這些被打了核輻射標籤的人群，再跟正常人對比，就可以知道輻射對人體的影響。可是這裡的困難就在於「長期」，核輻射的影響也許幾十年才能看出來，那時候也許病人還沒死科學家已經先死了。

比如「孕婦焦慮與小孩任性的關係」這個研究，唯一可行的辦法就是流行病學的調查，你不可能拿孕婦做實驗。一篇2008年的論文⑦是回溯性的，研究者找到一個治療兒童過動症（ADHD）診所的203個6～12歲的孩子，研究員詢問他們的媽媽懷孕的時候是否有過心理壓力，結果發現懷孕時心理壓力越大的媽媽，其孩子的症狀更明顯一點。這就是一個不太可靠的研究，有誰準確記得自己六年前的心態？過動症兒童的媽媽很可能會為了配合一個理論而高估自己當初的焦慮。

而一篇2011年的論文⑧則是前瞻性的。研究者先鎖定了澳大利亞某地的2,900名孕婦，在懷孕的時候記錄下離婚、搬家之類容易讓人產生壓力的事件。等她們的孩子長到2歲以後，再看其中哪些孩子有過動症。這個研究就可靠得多了，而可靠的代價是研究要進行多年。

要想從流行病學研究中發現因果性，就必須儘可能地統計各種影響因素。懷孕壓力與小孩過動症的相關性數據並不能直接說明壓力導致過動症——也許那些在懷孕期間離婚的女人本身生活就不靠譜，是她們的不靠譜導致了孩子的過動症。所以這兩篇論文都統計了一些其他的因素，比如孕婦是否吸菸喝

酒啊，懷孕年齡啊，收入狀況啊這些數字，然後使用統計方法把這些因素考慮進去，最後的結果才更有參考價值。可是你不可能統計所有的可能性，實際上兩篇論文統計的項目就並不一致。這就需要把一系列論文放在一起綜合分析。

不管調查到什麼程度，都只是對真實世界的管中窺豹。科學研究的是有限的真理。當一篇論文說什麼東西可能或者不可能導致什麼疾病的時候，它說的其實是在這次研究所調查的這幫人裡面有這麼一個結論。這個結論能推廣到所有人群嗎？記者一定比科學家更樂觀。

科學的目標

得到因果性遠遠不是科學家的目標，科學不是一本寫滿什麼東西會導致什麼現象的菜譜。好的科學除了能證明因果關係之外，還必須有一個機制，得能解釋為什麼會有這種現象。比如二氧化碳增多導致全球變暖，其機制是二氧化碳是一種溫室氣體，它能夠吸收從地面反射回空中的紅外線，再把這個能量輻射出去促使大氣溫度升高。

相關性思維和因果性思維只是思維方式的轉變，科學研究的真正關鍵在於發現機制。你必須說明是吸菸導致肺變黑，而變黑的肺容易得癌症，還是菸草中有什麼化學物質可以直接致癌（正確答案是後者）。機制提出來之後，這個機制中的每一步也必須是可以驗證的，一個課題只有做到這個程度才算超越了集郵[9]階段。也只有到了這個程度，才真正談得上把各種不同機制綜合在一起建立模型去預測未來。

　　有時候這個過程會反過來，也就是用現有的機制理論推導一些現象，再去尋找證據證實。但探索未知最基本的科學方法是證據，然後謀求建立因果關係，然後是提出機制。僅僅是對其中一步做出很小的貢獻，就可以發論文。大部分這樣的論文事後會被證明沒有太大意思，甚至是錯誤的。比如研究孕婦焦慮與兒童過動症的論文雖然有好幾篇，但它們說的其實是一個非常微弱的效應，也許將來我們會發現兒童過動症的真正原理根本就不是孕婦焦慮。但科學就是這麼一個不斷試錯的過程。

　　每一篇論文都是我們從個人感覺到客觀事實，從客觀事實到因果關係，從因果關係到能推廣使用的機制，這個過程中的一小步。這個過程的每一步都不是完美的，但只有這麼做，我們才能擺脫童稚狀態。

　　***

　　謹以此文標題紀念王小波（編注：中國著名作家1952-1997年）。他曾經在這個標題下講述過類似的道理。可惜大多數人只記住了他文章的結論和價值取向，而沒有學會他使用的方法。

---

① http：//sunjinping.blshe.com/post/1214/347604
② 七星的博客：《73 84 閻王不請自己去》http：//blog.sina.com.cn/s/blog_68ddf9650100ogzy.html

③ 健康樹網站：《73、84，是老年人的「坎」嗎?》http：//www.jktree.com/oldman/article/52f3.html

④ http：//www.360doc.com/content/11/0116/16/818794_86922038.shtml

⑤ http：//www.jiechuwangyin.com/weihai003.html

⑥ http：//mat1.gtimg.com/edu/pdf/wangyinbaogao.pdf

⑦ Natalie Grizenko et al., Relation of maternal stress during pregnancy to symptom severity and response to treatment in children with ADHD, J Psychiatry Neurosci. Jan 2008; 33（1）：10-16.

⑧ Angelica Ronald et al., Prenatal maternal stress associated with ADHD and autistic traits in early childhood, Front. Psychol., 19 January 2011.

⑨ 盧瑟福說，全部的科學就是物理學和收集郵票。我用「集郵」科學泛指任何尚未找到原理，只是蒐集事實的科研結果。

怎樣才算主流科學？

　　「主流科學」在很多情況下並不是一個好詞兒。科學記者眼中的主流科學界也許是一座可以威懾眾生的殿堂，而對那些敢想敢幹的年輕人來說，你跟他說主流科學認為這件事應該是這樣的，他的第一反應是怎麼證明這是錯的。「主流科學」，在某種意義上是故步自封甚至以權壓人的代名詞。比如2011年諾貝爾化學獎得主謝赫謝西曼（Daniel Shechtman），在做出其獲獎工作（發現準晶體（Quasicrystal））後相當長的一段時間內，就曾經飽受「主流科學」的打擊。據《新京報》一篇文章[①]報導：

　　他面對的是來自主流科學界、權威人物的質疑和嘲笑，因為當時大多數人都認為，「準晶體」違背科學界常識。「當我告訴人們，我發現了準晶體的時候，所有人都取笑我。」謝西曼在一份聲明中說。

　　這個報導不能算說錯。謝西曼本人的一個採訪視頻[②]說的可能沒有這麼誇張，但仍然有點悲憤的情緒。準晶體被發現了，主流科學界卻沒有接受。既然如此，那麼現在主流科學

界拒絕接受的很多東西，將來是否也都有可能被證明是正確的呢？「主流科學」到底是不是一個貶義詞？

本文試圖通過仔細分析這個事件，來說明一個關於科學進步的道理。當然根據孤證不舉的精神，你不能講一個故事就說明一個道理，所以我們講三個故事。

在談論諾貝爾獎之前，我們先看主流科學是怎麼讓一個著名理論得不了獎的。

大陸漂移學說的故事

在《不願面對的真相》紀錄片的一開頭，高爾（編注：美國前副總統，2000年以後投入環保工作，2007年諾貝爾和平獎得獎人之一）說了一件相當令人感嘆的事。他說他六年級時候的一位同學，曾經在課堂上面對世界地圖當場指出南美洲大陸似乎曾經跟非洲大陸是一體的。這其實就是大陸漂移學說，現在已經成了科學常識。然而高爾上小學的那個年代這個學說還沒有被「主流科學」接受，以致於他的老師立即告訴學生這純屬無稽之談──根據高爾說的戲劇性結局，後來這位具有非凡眼光的學生成了一事無成的毒癮者，而老師卻成了布希政府的科學顧問。

也許某些教育專家會痛心疾首地說「你看，天才就這麼被扼殺了」。可是如果你是一個科學老師，你會怎麼樣呢？不管別人提出什麼新奇的想法，你都鼓勵「是啊，這真是個有意思的想法，我認為它有可能是對的」嗎？可是這樣一來你所能提供的有效訊息其實等於零。「一切皆有可能」，就是一切都不

太可能。真正的科學家應該敢於直截了當地告訴別人哪些想法不可能正確——總統科學顧問更得有這個氣質。哪怕最粗暴的判斷，也比廉價的鼓勵值錢。

　　早在1912年，也就是高爾的小學同學出生之前，魏格納（Alfred Wegener）就提出了大陸漂移假設，認為地球大陸最早是連成一片的。傳說他也是看地圖得到的靈感，但魏格納並不是用小學生思維搞科研。除了各個大陸的形狀看上去似乎能合在一起，他還有其他證據。一個很有說服力的論點是各大陸發現的古生物化石驚人地相似，乃至一些現代生物也是如此。鑒於這些生物不太可能渡海走那麼遠，唯一的解釋似乎就是原始地球上這些大陸本是連在一起的。更進一步，人們發現幾個不同大陸上有相同的岩石構造。不但如此，漂移學說還可以解釋一些此前人們想不通的問題，比如說南極大陸上為什麼會有煤——要知道煤是古代植物累積形成的，南極那麼冷怎麼會有這麼多植物？

　　面對這麼多證據，一般人也許會認為大陸漂移是顯然的。但科學家不是一般人。卡爾‧薩根（Carl Sagan）說：「Extraordinary claims require extraordinary evidence」。超乎尋常的論斷需要超乎尋常的證據。生物化石最多只能算間接證據。而一個論斷想要被科學界全面接受，除了要求超乎尋常的證據，還必須有一個機制。

　　關鍵是，科學家想不通大陸是怎麼漂移的。比如分裂大陸需要極大的能量，這些能量從哪裡來？魏格納曾經提出幾個假說，都被一一否定了。結果大陸漂移學說在半個世紀內都

是被主流所否定的。一直到後來人們發現地質板塊邊緣火山噴發和地震可以提供能量，並且的確發現了火山曾經在不同時期噴發的證據。再加上其他證據，比如發現海底岩石比陸地岩石年輕，才以「板塊構造理論」承認了大陸漂移。這時候魏格納已經死了。如果今天論功行賞，魏格納提出的東西只能叫做「假說」，甚至連科學理論都不算。

這還是聽起來合理的理論。而那些聽起來不合理的理論，則就算你有證據也不太容易被接受。當然，好消息是這樣的理論一旦被接受，沒準就是諾貝爾獎。

諾貝爾化學獎的故事

歷史就好像非誠勿擾舞台上的女嘉賓。你離著很遠看，和把她領回家細看，看到的東西都是真實的，但你可能會有不一樣的人生感悟。新華社的報導相當簡略。我們如果把謝西曼的講話視頻、一篇被廣泛轉載的英文報導③、一個背景知識的介紹④以及以色列某雜誌的一篇寫得非常牛的長篇報導⑤放在一起看，就會看到一個更有意思的故事。這個故事的每一步都值得深思。

謝西曼於1982年在國家標準局的本職工作並不是去探索晶體科學的新突破，而僅僅是為航空工業尋找合金材料。不但如此，當時晶體理論已經相當成熟，什麼樣的原子對稱結構能形成晶體是明明白白地寫在教科書上的。人們根本沒指望發現新的晶體形態，就算發現也輪不到謝西曼。

某天上午，謝西曼用電子顯微鏡測定了他自己合成的一塊

鋁錳合金的衍射圖像，發現是一個正十邊形的對稱結構——對尋常晶體來說這是一個不可能的對稱性，因為從數學上很容易證明你不可能用正十邊形（或者簡化到正五邊形）去週期性地鋪滿平面。謝西曼認為這是一種全新的晶體，它的特點就是只具有準週期性，也就是「準晶」。

如果我們只看簡單的新聞報導，下面的故事就是謝西曼跟每一個同事通報這個新發現，但是沒人相信他，人們都認為晶體就應該是週期性結構，實驗組領導指著教科書說他胡扯，然後把他趕走了。但這裡有一個問題：衍射圖像是明擺著的，難道他的同事們連十都不會數嗎？

事實上，同事們對他的這個衍射圖像有一個解釋：孿晶（Twin Crystal）。人們早就知道孿晶可以出現類似正五邊形旋轉對稱的衍射圖像，但並不是一種新晶體。謝西曼進一步觀察，他找不到孿晶，堅持說這是新晶體。現在的局面是同事們相信這種衍射圖像有一個解釋，謝西曼不接受這個解釋。但不利的是，他也不能提供別的解釋。

科學要求解釋。你不能說「我看到這個現象，而你們解釋的不對，所以它一定是個新東西」。全世界的實驗室中可能每天都會產生一些看上去不太對的實驗結果，它們中的大多數是——不對的。一個有個人榮譽感的科學家不會看到什麼都發文章，你得給出一個理論。1983年，布勒希（Ilan Blech）幫謝西曼搞出了一個數學模型，兩人這才決定發表論文，結果被Journal of Applied Physics期刊編輯拒稿。接下來謝西曼回到國家標準局，在卡恩（John Cahn）的幫助下進一步完善了數

據，然後找到一位真正的晶體學家丹尼斯（Denis Gratias）入夥，最後文章被Physical Review Letters 期刊發表。

到這一步，「準晶」這個發現才算被正式的提了出來。謝西曼在論文中詳細說明了這個特殊合金的製備過程，使得很多實驗組重複驗證了他的發現。然而一直到這一步，仍然只有少數科學家接受這是一種新晶體。

關鍵在於，謝西曼實驗使用的是電子顯微鏡，而晶體學界的標準實驗工具是更為精確的X射線，他們不太信任電子顯微鏡的結果。不能用X射線的原因是生長出來的晶體太小。一直到1987年終於有人生長出足夠大的準晶體，用X射線拍攝了更好的圖像，科學家中的「主流」才接受了準晶的發現。這才是真正的轉折點。等到人們在實驗室中又發現各種別的準晶體，乃至於在自然界發現了天然準晶，準晶就已經是絕對的主流科學，謝西曼也開始什麼獎都能拿了。

回顧整個過程，我們並沒有看到所謂「學術權威」在其中能起到什麼打壓的作用。的確有個兩屆諾貝爾獎得主至死都反對準晶，但並沒有聽說他有什麼徒子徒孫唯其馬首是瞻。搞科研不是兩個門派打群架。科學家之所以從一開始就質疑，恰恰是因為證據還沒有達到「超乎尋常」的地步。而當X射線圖像一出來，不管那個諾獎大牛怎麼說，「主流」立即就接受了。被主流科學「打壓」，一般不會上升到人身攻擊的地步，除非你的理論侮辱了「主流科學家」。比如說要求他們洗手。

洗手的故事

1840年代歐洲醫院受到產褥熱的困擾⑥。1841年到1846年，維也納最好的一家醫院裡，產婦死亡率居然達到十分之一，到1847年甚至是六分之一。青年醫生塞梅爾魏斯（Ignatz Semmelweis）決心找到解決辦法。他判斷，當前這幫所謂「主流醫生」根本不知道是什麼導致產褥熱。有些醫生聲稱他們知道，而且還頭頭是道地列舉原理，但他們就是解決不了問題。

塞梅爾魏斯的辦法是索性拋開主流醫學，乾脆直接上數據分析。通過大量統計，他發現一個最不可思議的事實：如果產婦在家裡生產，她的死亡機率比去醫院至少低60倍！哪怕最窮的女人，在街上生了孩子再被送到醫院的，也沒有得產褥熱。這使塞梅爾魏斯懷疑導致產褥熱的不是別的，正是醫院。

塞梅爾魏斯所在的醫院有兩個分開的病房，其中一個主要由醫生負責，另一個則是助產士負責，產婦則被幾乎隨機地分配到這兩個病房。塞梅爾魏斯暗中統計，發現醫生負責的病房，產婦死亡率是助產士負責病房的兩倍。難道是醫生讓產婦得病的嗎？他對這個問題百思不得其解。直到一個教授在指導學生解剖屍體的時候被學生的手術刀劃到，然後患病死了，症狀與產褥熱相似，塞梅爾魏斯才獲得靈感。他推測，是醫生們離開解剖室直接進病房把致病的「屍體顆粒（cadaverous particles）」帶給了產婦。

而當時醫院無比熱衷於解剖，病人死了之後立即送解剖室，這可能就是為什麼之前的時代沒有這麼流行產褥熱。

於是，塞梅爾魏斯要求醫生解剖後必須洗手，結果產婦死亡率馬上降到了百分之一。

如果現在哪個醫生能有這樣的成就，說他是華佗再世也不為過，但塞梅爾魏斯的結局是直接被主流醫生「逼」瘋了。塞梅爾魏斯不能解釋「屍體顆粒」是什麼東西，當時的醫學並沒有微生物傳播疾病這個概念。塞梅爾魏斯擺平了自己的醫院，但其他醫院的醫生根本不買賬，尤其反感他把病因歸罪於醫生。在塞梅爾魏斯看來這些醫生是在迫害自己，他甚至自詡彌賽亞，最後居然得了精神病，死得很慘。

一直到二十年以後，醫學界才接受「微生物能傳播疾病」這個理論。而塞梅爾魏斯？沒人拿他當科學家，科學史只記載了發現微生物的人。順便指出，一直到現在，醫生仍然不怎麼愛洗手[⑦]，至少不如護士洗得多。

一個道理

在以上三個故事中，主流科學到底做錯了什麼？我的答案是什麼都沒做錯。誰說對的理論一出來別人就得馬上承認？

如果「主流科學」是一個人，他既不是仙風道骨的世外高人，也不是充滿聖潔光輝的牧師，更不是溫柔嫵媚的小姑娘。他是一個淳樸實在的中年漢子。他認為任何事情背後都必須有明確的答案，明確到他可以把這答案原原本本地寫在紙上讓你看懂。他從來不讓你「頓悟」，他從來不讓你「信則靈」，他從來不讓你「猜」。他有什麼說什麼，不跟你打機鋒，不跟你玩隱喻，不跟你玩暗示。他不敢肯定自己的答案一定正確，但

他敢用最明白的語言跟你辯論，一直說到你服為止。

或者你把他說服。科學研究是一個充滿爭論的過程。科學家要是不爭論，科學就死了。比如幾年前有實驗號稱發現了超光速中微子，就引起了科學家的巨大爭論，有人甚至提出各種理論解釋，最後被證明不過是實驗錯誤。統計出來的東西尤其不能作為成熟理論，而只能作為科學研究的緣起。科學研究就是這麼一個把新思想逐漸變成主流的過程。從這個意義上講也許真正活躍的科學根本就沒主流，或者說主流科學都是死的科學，更嚴格的說是凝固了的科學。

怎樣才算主流科學？你必須得能用現有的理論去解釋你的新理論。如果主流科學是一棵大樹，你的新理論不能獨立於這棵樹之外。你必須告訴別人這棵樹的這幾個位置可以長出這麼幾個樹枝來，而這些樹枝可以連接到我的新理論上去——這樣你的理論就成了這樹的一部分。有時候你甚至可以宣佈某個樹幹的真實形態其實不是人們之前想的那樣，但你不可能宣佈這棵樹整個長錯了。

凱文·凱利（Kevin Kelly）在《科技想要什麼》（*What Technology Wants*）這本書裡提到，早在哥倫布去美洲之前，美洲大陸就已經有人了，可是為什麼我們說是哥倫布「發現」了美洲呢？因為是哥倫布把美洲大陸這個知識和人類科學的「主流知識」聯繫在了一起。「孤島式知識」是不行的。

只此一家，別無分店。什麼新東西都得從我這兒長出去，這就是科學的態度。這種態度幹掉的錯誤想法比正確想法多得多，比如「水變油」、永動機、黑洞發電之類。只有這樣的態

度才能建立一個高效而嚴謹的學術體系。也只有這個體系才能
確保一個實驗結果可以經得起在任何時間任何地點的重複,一
個技術可以隨便複製使用,既不要求使用者道德高尚、人格完
美,也不要求他掌握什麼不可言傳的心法。

如果經絡和「氣」能用實驗證明,診脈能機械化,陰陽運
行能用數學方程描寫,一直到《傷寒論》能出一個基於現代醫
學的解釋版,那麼中醫就可以成為主流科學。將來誰能做到這
些,誰就「發現」了中醫。也只有這樣,中醫才能拋開掌握絕
學的少數老師傅,變成像青黴素那樣任何一個醫院都能隨便使
用的有效技術。

如果「主流科學」真是小姑娘的話,向她求婚並得到許可
並不容易。有時候可能你是對的,但她就是不理解,你悲憤也
沒用——可是你也不能因此就說她不是女人啊。

① 《以色列科學家謝赫特曼獲2011年諾貝爾化學獎》, http://news.
   xinhuanet.com/world/2011-10/06/c_122122065_2.htm
② http://www.sciencebase.com/science-blog/dan-shechtman-discusses-
   quasicrystals-nobelprize.html
③ International Business Times:Scoffed Crystal Work of Israeli Scientist
   Wins Chemistry Nobel 2011 - By Anthony Myers on October 08 2011.
④ Before It's News:Quasicrystals Discovery Wins Nobel Prize For
   Chemistry, October 5, 2011.
⑤ Haaretz:Clear as crystal, by Asaf Shtull-Trauring, Apr. 1, 2011.
⑥ 洗手的故事來自《超爆蘋果橘子經濟學》(*Super Freakonomics*)一書。
⑦ Freakonomics博客有一系列譴責(主要是美國)醫生不愛洗手的文章,
   見 http://freakonomics.com/tag/hand-washing/

科研的格調

　　《宅男行不行》（*The Big Bang Theory*）是個很有意思的美劇，它說的是四個年輕物理學家的故事——或者說是他們的泡妞故事，如果你樂意的話。現在物理學家似乎正在變成令人感興趣的人群，套用劇中倫納德（Leonard）的話，簡直是「我們是新的阿爾法雄性（we are the new alpha males）」在四位男主角中，最有意思的是謝爾頓・庫珀（Sheldon Cooper），我猜別人也會這麼想。

　　謝爾頓非常聰明，而且他處處要告訴別人他非常聰明。物理學家聰明很正常，但謝爾頓還非常博學甚至無所不知，他號稱對世界上所有重要的事情都有可應用級別的知識（working knowledge）。這種人存在嗎？《新京報》曾經就這個問題採訪過該劇的物理負責人[①]。答案是有些物理學家就是這麼博學。

　　比如說因為夸克理論獲得諾貝爾物理獎的蓋爾曼（Murray Gell-Mann）就是這樣的人。我認為蓋爾曼是謝爾頓的原型。第一，蓋爾曼曾長期待在加州理工學院，只不過他的職位是教授而謝爾頓是博士後。第二，蓋爾曼非常聰明，而且處處要告

訴別人他很聰明。比如他喜歡用外國當地的標準發音來讀一個外國人名或地名（好吧，我承認這一點似乎更像劇中的霍華德）。這個逼著別人承認不如自己聰明的毛病使得蓋爾曼和謝爾頓一樣不受周圍人的歡迎。第三，蓋爾曼非常博學。比如說，所有物理學家都知道彩虹是怎麼回事；很多物理學家知道是笛卡兒第一個科學地解釋了彩虹；但如果你想知道古人怎麼看彩虹，你得問蓋爾曼。蓋爾曼會告訴你各個古文明對彩虹的解釋。

我甚至覺得謝爾頓的長相也有點蓋爾曼的「意思」。我還真找到②一張蓋爾曼年輕時的照片。

（左邊是蓋爾曼，右邊是謝爾頓）

但本文真正要說的是蓋爾曼和謝爾頓的第四個共同點：兩人都看不上，甚至可以說看不起，理論物理之外的任何科學。

謝爾頓的姐姐有一次說，她很自豪謝爾頓是個「rocket

scientist」。注意這裡面有個典故，英文中「rocket science」（火箭科學）是個成語，指任何特別複雜的東西。比如你想說什麼東西很簡單，就說這個東西不是 rocket science.

但謝爾頓認為被當成「rocket scientist」是一種侮辱。他說你還不如說我是金門大橋上的收費員。在謝爾頓看來，理論物理學家比火箭科學家要高級得多。

蓋爾曼也是這麼想的。在蓋爾曼看來，純粹的理論物理，也就是說專門研究基本粒子相互作用，超弦理論這種理論物理，是最高級的科學。因為這種科學研究的是世界的最基本定律，而其他所有學科只不過是應用這些定律而已。

《費曼的彩虹》這本書生動地形容道，蓋爾曼這種純理論物理學家看其他學科，就如同站在曼哈頓往西看整個美國。紐澤西地區相當於其他的理論物理工作，中部相當於實驗，而再往西一直到加州，則到處都是中國城之類完全沒格調的東西，相當於各種應用科學，比如說半導體之類。

物理學的格調比化學高，就如同福賽爾《格調》說網球的格調比足球高一樣。蓋爾曼就是這種人。《費曼的彩虹》的作者當初也在加州理工當教員，本來是想做超弦的，辦公室就在蓋爾曼隔壁。結果他後來改做量子光學，蓋爾曼立即打發他去別的樓層辦公，把辦公室騰出來給自己的研究生用。此書作者還曾經嘗試寫劇本，立即被自己的研究生導師鄙視，因為他認為好萊塢都是垃圾。劇本的格調還不如小說。

我想看到這裡，很多讀者要憤怒了。（免責聲明：我是做物理的，但我並不是做理論物理的，所以我也不在曼哈頓——

如果這可以讓你好受一點的話。）

其實這種格調也許並不存在。蓋爾曼在加州理工的死對頭——費曼——就不贊成這個態度。費曼對所有物理領域都感興趣，他從來不認為量子光學是比量子色動力學低一等的科學。

其實蓋爾曼和費曼對其他學科態度的不同，一個原因是他們的科學理念不同。蓋爾曼這一派的物理學家追求邏輯和數學的完美，在他們眼中所有學科是以理論物理為核心的金字塔形。而費曼則有一點實用主義，他最關心的是怎麼解釋自然現象，而不怎麼追求數學上的完美。費曼說，為什麼非得追求一個統一理論？也許自然就是給四種力四個理論。我想費曼眼中的科學世界不是金字塔，而是是一個互相平等的網路結構。

但費曼的確認為物理學比小說要難。因為小說的想像不需要負責，而物理的想像需要一個實驗來判決。不管你多麼喜歡你的理論，跟實驗不符就是不行。

實際上，費曼鄙視很多東西。費曼極度鄙視哲學，連他的秘書都知道千萬別跟費曼談哲學。費曼還一度強烈鄙視超弦（但在最後時刻還是跟蓋爾曼學了一點超弦）。另外，我們已知的還有費曼鄙視心理學，認為心理學全是扯淡。

我的問題是，既然所有學科中都有「道」，蓋爾曼的格調論和費曼的鄙視，是合理的嗎？

我認為它們是不客觀的，但是有道理的。因為一個人如果對所有東西都感興趣，他將無所適從。也許要想幹好一行，就必須熱愛這一行。而熱愛這一行，就意味著「不愛」其他行。

所以一個科學家應該學會從心理上「鄙視」自己專業以外的其他學科。

科學本身是客觀的，但科學家都是主觀的。最好的科學家甚至可能是極度主觀的。有愛恨，才是真正的科學家。敢說不，才是真正的科學家。

最後，歡迎化學家們給自己找一個充分的理由來鄙視物理學。

---

① 獨家專訪：《宅男行不行》幕後科學家現身，新京報《新知週刊》
http：//blog.sina.com.cn/s/blog_4b2b7de20100gd8s.html
② http：//www.achievement.org/autodoc/page/gel0int-3

喝一口的心理學與喝一瓶的心理學

　　我有時候特別羨慕「實驗心理學家」和「行為經濟學家」。他們常常能以非常直觀的邏輯，在大學裡找一幫學生受試者做一些特別方便的「實驗」，寫成一篇簡明易懂的論文，證明的不過是一個顯而易見的結論，然後還能經常發表在《科學》之類的頂級刊物上，並且被媒體和博客大肆報導。相比之下，物理學家們就算投入幾百萬美元做實驗，加上外行根本看不懂的理論推導，結論完全不顯然的情況下，也未必能確保一篇物理評論快報（PRL）和15分鐘的名望。

　　比如2007年《科學》上有一篇被報導了無數多次的論文，「Are Women Really More Talkative Than Men?（女人比男人更健談嗎）①」研究的問題是人們都說女人話比男人多嗎？②這篇文章的研究方法是在橫跨八年的時間內選取了6個大學，每個實驗進行4～10天，總共考察了男女共396名大學生，讓他們只要是清醒的時候就佩戴一個錄音機記錄所說的話。這樣直接統計的結果是女生平均每天說16,215個詞，男生每天說15,669個詞，相差7%，因此女生似乎並不明顯比男生嘮叨。

　　我對這個研究的評論是如果一個物理學家這樣搞科研的話

早沒工作了。就算給他們八年時間，他們都不知道重點考察中年以上婦女③。

但是人們就是喜歡心理學。本文並不是為了抒發怨念，其實我也喜歡心理學——我從來不在博客上談論自己寫的論文，卻經常談論心理學實驗。本文要說的是這些心理學實驗的一個重大弊端。

中文媒體上流傳非常廣泛的一個心理學實驗是德國人做的，說護身符的確能給人帶來好運④，因為這是一種積極的心理暗示。這個研究的方法是：

在德國科學家進行的一場實驗中，數十人被叫來進行一場高爾夫比賽，其中一半人被告知使用的是在多場比賽中給選手帶來好運的幸運球，而另一半人則被告知使用的只是普通球。比賽結束後，科學家發現使用「幸運球」的選手的擊球入洞率要比使用普通球的選手高出近40%。

首先這是心理實驗庸俗化的一個典型例子，因為關於積極心理暗示效應的實驗早就汗牛充棟，比如在《誰說人是理性的》這本書裡就介紹了好幾個。其中一個說傳統上人們都認為亞洲學生數學好，而女生的數學不好，那麼亞洲女生呢？在試驗中找一幫亞洲女生分成兩組做數學測驗。測驗前心理暗示其中一組在強調她們是亞洲人；另一組則強調她們是女生。結果果然，第一組的成績好於第二組。

另一個更有意思的實驗則在考試之前向學生賣 SoBe 飲料（這是一種比較貴的飲料，我喝過，味道倒在其次，瓶子做得挺好），只說這個飲料可能會有效果，但不一定是對腦力有好處（其實沒好處）。結果那些拒絕買和花全價買了 SoBe 的學生在測驗中成績相同，都是15道題平均答對9道，而那些被允許以一個折扣價買了這飲料喝的學生則只答對了6.5道。

據此，我們是否應該佩戴護身符，應該在參加數學考試之前提醒自己是個亞洲人，並且千萬別喝減價飲料呢？很可能不是這樣的。

這些實驗的弊端在於只做一次，而且還是在實驗室裡。如果讓那些受試者每天都來參加這種考試，每天都是用幸運球比賽，積極心理暗示還有用嗎？

提姆・哈福特（Tim Harford）在《誰賺走了你的薪水》（The Logic of Life）這本書中介紹了一個在我看來重要得多的實驗。在實驗室裡，受試者們分別扮演僱主和僱員，實驗發現如果僱主給僱員比標準工資高一些的工資的話，僱員也會自覺的幹比標準要求多一點的活兒。實驗結論顯然是，意外的漲工資會帶來員工更努力工作的善意回報。但這一次經濟學家並沒有滿足於此！

他們決定把實驗在生活中再做一次。他們在報紙上刊登廣告招來一批工人，然後隨機地給其中一些工人比廣告上說的更高的工資。

一開始似乎驗證了實驗室的結論，那些獲得意外高工資的

人的確幹得更加賣力——然而這種賣力只持續了不到半天。半天之後，所有的工人都只幹他們「該幹」的活了。

這個實驗使我想起百事可樂與可口可樂之爭。這兩種可樂的味道非常接近，但如果你仔細品的話，會發現百事可樂更甜一點，而可口可樂略帶一點酸味。可口可樂公司曾經做過實驗，在不公佈品牌的情況下把這兩種可樂倒在小杯裡，找一幫受試者品嚐。結果是大多數人認為百事可樂更好喝。

在實驗結果的刺激下可口可樂決定改良配方，使得味道更像百事可樂，結果是慘遭失敗！消費者抗議新配方。懷舊因素之外，一個重要原因在於在實驗室裡喝一口和拿回家去喝一瓶，感覺是兩碼事。如果只喝一口的話，可能很多人認為汽水比茶好喝。

目前大多數的心理學實驗，是「喝一口的心理學」，而不是「喝一瓶的心理學」。佩戴護身符的第一天也許會充滿正面的情緒，第二天可能就不好使了，時間長了反而成為累贅，一天不戴可能還會恐慌。所謂「積極心理暗示」，其關鍵也許就在於讓受試者感到新鮮。

那麼，如果一個人每天都能想像到一個不同的「積極心理暗示」，總能變著法地鼓勵自己，他是否會在長期尺度上比別人做得更好呢？我猜每個人都會有自己的看法，為了把這些個人看法變成無可爭議的結論，我們需要的還是，設計得非常合理的心理學實驗。從這個角度說實驗心理學畢竟還真有可能是一門科學。

① Are Women Really More Talkative Than Men? Science 6 July 2007：Vol. 317 no. 5834 pp. 82.

② 關於這個研究的詳細介紹，參見西西河論壇愛蓮的文章《女人話不多》 http：//www.ccthere.com/alist/1130125

③ 因為心理學實驗過多地採用大學生作為受試者，有人調侃說現代心理學應該叫「大學生心理學」。

④ 成都商報：《護身符能給人帶來好運》，網易，2010-05-08。

醫學研究能當真嗎？

　　基因改造食品無害。地震不可預測。乾旱氣候與三峽大壩無關。我們非常關心這些問題，科學家似乎明確地給出了答案，可是仍然有人無所適從。我們應該聽科學家的嗎？但科學家肯定也會經常說錯。有時候他們說手機輻射可以導致腦癌，有時候又說這種效應根本沒有足夠的證據。有時候他們說大蒜可以降低有害膽固醇，有時候又說大蒜其實不能降低有害膽固醇。在這種情況下，你應該怎麼辦呢？

（a）以最權威科學家，比如諾貝爾獎得主或者《自然》上的論文的意見為主。

（b）科學家中的「主流意見」（如果「主流」真的存在的話）為主。

（c）以最新發表的意見為主。

（d）別當真，科學新聞可以當娛樂新聞看。

　　如果這條新聞說的是醫學研究，那麼最理性的選擇是——（d）別當真。那些寫在晚報副刊上的各種所謂健康指南，連看都別看。而那些刊登在主流媒體上，有最新的論文支持的科

學新聞，比如說英國某個團隊又發現什麼東西對兒童的智力有新影響，我們大概可以看，但是看完就可以直接把它忘了。

更進一步，如果這條新聞說的是營養學研究，比如吃某種維生素對身體有某種好處或壞處，那麼哪怕是發表在最權威醫學期刊上的那些高引用率論文，也應該全部忽略。

說這句話的人叫埃尼迪斯（John P.A. Ioannidis），他是史丹佛大學預防醫學研究中心主任。埃尼迪斯說「Ignore them all（全部忽略）」[①]，他攻擊的不僅僅是營養學，而是整個醫學研究。2005年，埃尼迪斯發表兩篇論文，證明大部分醫學研究都是錯的。這兩篇論文在醫學界被引用了好幾百次，但是沒有人說他這個看似無比偏激的結論是錯的。甚至沒人表示驚訝。所有搞醫學研究的科學家都知道這個祕密——醫學研究根本不靠譜。

但是這件事一直到2010年底才引起公眾的關注。首先是大西洋月刊發表充滿憤怒的長文，標題採用英國首相和馬克·吐溫發明的著名句式：「謊言，該死的謊言和醫學研究。」

時代週刊立即跟進，並把結論進一步精簡為「90%的醫學研究都是錯的！」[②]《時代週刊》這篇報導說，現在已經有人開始真正認真地重新審視整個醫學科研，而且立即發現了幾個與我們此前的知識完全相反的結論，比如：

- 沒事兒自己檢查乳房，不但不會降低乳房癌的死亡率，沒準還有壞處；
- 其實科學家並沒有足夠證據說注射流感疫苗對防治流

感有效。

由埃尼迪斯兩篇論文引發的這場醫學暴動仍在進行之中。2011年1月的新聞週刊報導，又有兩個醫學常識被幹掉了：

- 不僅僅是大蒜，如果服藥者本人沒有心臟病史的話，就連那些專門的降低膽固醇的藥，其實都沒什麼作用；
- 「補鈣要加D」純屬扯淡——我們幾乎每個人都已經有足夠多的維生素D，根本不需要從鈣片和善存裡獲得。新的報告說[3]，一般人可以從陽光中（白人每天日照5分鐘，有色人種15～20分鐘）獲得維生素D，而少數青春期女生和老人也許需要通過從食物中補充一點。

所以《新聞週刊》有充分的理由把這篇報導的標題定為「為什麼幾乎所有你聽說的醫學都是錯的[4]」。

科學新聞常常教育我們要用現代醫學的常識去反駁民間偏方，用科學家的論文去反駁普通人的常識，再用歐美科學家的論文去反駁中國科學家的論文。然而埃尼迪斯說歐美科學家的論文其實也不可靠，錯誤率是90％？民間偏方沒準還比這個好點。所以以上這幾篇報導大概也有點標題黨，我們必須看看埃尼迪斯到底說了什麼。

他一篇發表在*PLoS Medicine*上[5]的文章說，在醫學研究中被廣泛使用的統計方法，其實是個非常脆弱的體系。如果你的

一項研究是考察某種藥物對人的健康是否有好處，而你希望能證明有好處的話，你將很容易做到這一點。首先，現在大部分醫學科研研究的效應其實都是比較微弱的，因為不微弱的效應別人早就研究完了。其次，什麼是對健康有好處？也許一個病人的病情並沒有什麼明顯好轉，但因為你希望這個藥物有效，你也許會完全無意識地刻意去尋找他好轉的證據，你可能會把本來沒什麼好轉的病人當成好轉的病人。這就是你的偏見。埃尼迪斯這篇論文其實全是數學，他做了一番計算，說如果這個微弱效應有10%，而你的偏見有30%的話，你的實驗得到正確結論的機率只有20%。

科學家是有偏見的。他可能因為拿了醫藥公司的資助而希望證明一個藥物的療效，他更可能為了能發表有轟動效應的論文而追求驚人的結果。鑒於10%的效應率和30%的偏見率差不多就是一般流行病學研究的水平，我們大概可以說80%的流行病學研究都是錯的。根據同樣的計算，小規模隨機試驗的可信性也只有23%。埃尼迪斯這篇文章就是用數學方法證明這種偏見有多可怕。

光玩數學當然不行，批評現實得有真實證據。這正是埃尼迪斯另一篇論文要完成的任務，它發表在權威期刊 *JAMA*（美國醫學雜誌）上 ⑥。沒有人能把所有醫學論文都研究一遍，所以他的做法相當具有戲劇性：他只看1990年到2003年間發表在頂級臨床醫學期刊上的頂級論文，入選標準是被引用超過1,000次。符合這個標準的論文一共有49篇，其中45篇聲稱發現了某種有效的藥物或者療法。

我們都知道科學結果必須都是可重複的，我們不知道的是有多少科學結果真的被人重複過。這45篇論文雖然都被引用了千次以上，其中只有34篇被重複檢驗過。

而後人檢驗的結果是其中7篇的結論是錯誤的。比如有一篇論文說維生素E對降低男子冠心病風險有好處，有一篇論文說維生素E對降低女子冠心病風險有好處，而後來的大規模隨機實驗則證明維生素E對降低冠心病風險根本沒好處。另有7篇論文被發現是誇大了有效性。也就是說34篇經過檢驗的論文中的14篇（41%），被發現結論有問題。這45篇最權威的論文中只有20篇接受了並扛過了時間的考驗。

頂級論文尚且如此，一般論文又能怎麼樣呢？真有90%都不可靠嗎？我從未發現埃尼迪斯說過「90%的醫學研究都錯了」這句話，時代週刊的報導的確是標題黨。

埃尼迪斯說的不是90%，而是431/432。沒有人能徹查所有醫學論文，所以埃尼迪斯的做法是選擇一個熱門領域，徹查這個領域內所有的論文。這個領域是研究男女患各種疾病的風險不同，是不是因為基因的影響。在2007年*JAMA*的一篇論文中[7]，埃尼迪斯與合作者找到這個領域的所有77篇論文，然後逐篇分析這些論文處理數據的方法是否足夠嚴謹。這些論文一共提出了432個論斷，其中只有60個論斷可以稱得上是方法嚴謹。而這60個拿得出手的論斷中，曾經被其他研究至少重複驗證了兩次的，只有一個。

如果我們對正確科學論斷的要求是方法嚴謹，結果至少經過兩次檢驗，那麼這個領域的合格率只有1/432。如果我們放

寬要求，只要一篇論文不被證明是錯的，就算它是好論文，那麼發表在最權威期刊上的被引用次數最多的醫學論文中，有7/45是壞論文。

這7篇壞論文中的兩篇說維生素E可以降低冠心病（冠狀動脈心臟病）風險，而事實上，後來2000年《新英格蘭醫學雜誌》上就有文章[8]用超過9,000人的嚴格隨機實驗證明維生素E根本不能降低冠心病風險，這一結論從此之後再也沒被推翻過。那麼到底有多少科學家知道這件事兒呢？埃尼迪斯等人曾經專門調查了[9]到底有多少論文還在使用「維生素E降低冠心病風險」這個錯誤知識，結論是一直到2005年，仍有50%的新發論文還在引用前面那兩篇錯誤的頂級論文，並且以為它們是對的。

如果你現在隨便找個中國醫生問他維生素E是否對冠心病有好處，我敢打賭他說有好處。我在谷歌搜索「維生素E冠心病」，第一頁的結果全是說有好處，它甚至已經作為「常識」進入各種醫學網站。

肯定有人因為看了2000年之前的新聞報導而大吃維生素E來降低冠心病風險。肯定有人還在吃大蒜降膽固醇。肯定有人還在補鈣加D。

把學術論文的結論推廣為真實世界的真理，有時候是非常危險的事情。因為不理解科學研究的思維方式，導致大多數人對科學有兩個重大誤解：第一，認為科學研究絕對真理；第二，認為每一項科研都是在生產我們日常決策的答案。真實的科學研究其實一個充滿曲折，甚至有時候錯進錯出的過程。

更重要的是，科學的野心其實比公眾設想的小。而恰恰是因為這個原因，科學才有這麼強大的力量。很多論文不嚴謹，甚至很多都是錯的，這並不表明科學中沒有正確答案，它只是表明得到和判斷正確答案並不簡單。

科學報導都是用人類傳統語言寫成的，而科學研究使用的卻不是傳統的人類語言。所謂「科學方法」，其實是另一套很不一樣的思維方式。今天醫學研究的悲催現狀並不見得就說明科學方法不行。科學方法，是一種超越了人類本能的思維方式。一個簡單的問題是我們憑什麼相信「維生素E不能降低冠心病風險」這個結論就是對的？因為有些科學方法比另一些科學方法更可信。看新聞不如看論文，看一篇論文不如把多篇論文綜合在一起看（稱為 meta-analysis），而且有時候這麼看還是不行。現代社會中的智者，應該掌握這一套思維方式。

科學是成年人玩的東西。我認為抱著謙卑的情緒去「仰望科學」是個錯誤的態度，正確的視角應該像下棋一樣，是俯視。

***

其他醫學研究者並沒有對埃尼迪斯揭示的現狀無動於衷。有一個成立於1993年的叫做考科藍協作（Cochrane Collaboration）[10]的國際組織，就正在專門嚴格審視各種醫學研究，並且推出了很多報告，而且他們也採納了埃尼迪斯提出的審查方法。這個組織特別強調經費只來自於政府、大學和私人捐款，而不拿醫藥公司的錢。

① 大西洋月刊：Lies, Damned Lies, and Medical Science，David H. Freedman Oct 4 2010.
② 《時代週刊》：A Researcher's Claim：90% of Medical Research Is Wrong By Maia Szalavitz, Oct. 20, 2010.
③ How much vitamin D, calcium is right? By Val Willingham, CNN Medical, November 30, 2010.
④ 《新聞週刊》：Why Almost Everything You Hear About Medicine Is Wrong By Sharon Begley, 1/23/11.
⑤ John P. A. Ioannidis, Why Most Published Research Findings Are False, PLoS Med 2（8）：e124（2005）.
⑥ John P. A. Ioannidis, Contradicted and Initially Stronger Effects in Highly Cited Clinical Research, JAMA. 2005;294（2）：218-228.
⑦ Nikolaos A. Patsopoulos, Athina Tatsioni, and John P. A. Ioannidis, Claims of Sex Differences：An Empirical Assessment in Genetic Associations, JAMA. 2007;298（8）：880-893.
⑧ The Heart Outcomes Prevention Evaluation Study Investigators, Vitamin E Supplementation and Cardiovascular Events in High-Risk Patients, N Engl J Med 2000; 342：154-160.
⑨ Athina Tatsioni, Nikolaos G. Bonitsis and John P. A. Ioannidis, Persistence of Contradicted Claims in the Literature, JAMA. 2007;298（21）：2517-2526.
⑩ 他們的網站是 http：//www.cochrane.org/

真空農場中的球形雞

　　美劇《宅男行不行》曾經講過一個好多觀眾沒聽懂的笑話。說有一個農民發現自己養的雞都不下蛋了，於是他找了一個物理學家幫忙。物理學家做了一番計算之後宣佈，我已經找到了一個解！但是這個解只對真空農場中的球形雞有效。這個笑話的意思是物理學家使用了一個過分簡化的模型去模擬真實世界。

　　更有效的模型大概需要考慮在空氣中傳播的病毒對存在空氣的農場中的有下蛋器官的雞的影響。但不管你使用什麼模型，你必須得使用一個模型。任何科學研究中的任何計算都是針對科學家選擇的模型，而不是針對「真實世界」本身。

　　有時候簡化的模型已經足夠好，比如我們要計算天體運行的軌道，把任何恆星和行星都簡化為沒有體積的質點就可以了。有時候是不得不簡化。比如說如果要模擬全球氣候，大概要考慮洋流運動和南北極冰川的影響，那麼要不要考慮雲的變化？要不要考慮太陽黑子的影響？要不要考慮植物分佈的影響？要不要考慮冰島火山爆發、喜馬拉雅山、貝加爾湖、三峽大壩和中國春運的影響？在有限計算能力下不可能都考慮。但

世界的複雜性並不是我們必須使用模型的本質原因。

我們必須使用模型的本質原因是，我們對世界的觀察是主觀的。霍金和曼羅迪諾（Leonard Mlodinow）在《大設計》這本書裡講了一個金魚的故事，說義大利蒙扎（Monza）市禁止在彎曲的碗狀魚缸裡養金魚，因為從彎曲的魚缸往外看會看到一個扭曲了的現實，這對金魚「太殘酷了」。對此霍金提出了一個莊子式的問題：我們又怎麼知道我們看到的現實不是扭曲的？金魚仍然可以對魚缸外部的世界總結一套物理定律。也許因為坐標系彎曲，金魚總結的物理定律會比我們總結的要複雜一點，但簡單只是個人品位，金魚的物理學同樣正確。

從這個角度說，所有物理定律，乃至所有科學理論，都只不過是主觀模型。托勒密的理論說地球靜止，太陽繞著地球轉；而哥白尼的理論說太陽靜止，地球繞著太陽轉──這兩個模型其實都可以用，只不過其中一個比另一個更好用一點。

物理學革命其實就是用一個模型取代另一個模型。我們可以把力解釋成一種波動的場，或者空間的彎曲，或者一堆粒子的來回傳遞，或者又把各種粒子解釋成弦的震動。當物理學家發明這些模型的時候，他們心裡想的並不是「真實的力到底是什麼東西呢？超弦理論符合我的世界觀嗎？」這種哲學問題，他們想的是什麼模型有效就用什麼模型！

也許與模型無關的「現實概念」根本就不存在，霍金把這個思想叫做「依賴模型的現實主義（model-dependent realism）」。這聽上去有點像老子所說的「道可道非常道」，又

有點像《論語》裡面每次有不同的人問孔子「仁」是什麼，孔子都給一個「依賴提問者的仁的定義」。但實際上這裡面說的是科學這門業務的工作方式，是從來不直接追求那個「最後的，真正的現實」，而只是不停地用不同的模型去模擬現實。

也許有些科學家的確相信絕對真理的存在，但科學研究從來不涉及絕對真理。哲學才研究絕對真理。科學研究的是「有效的真理」，是「有限的真理」。兩個古代哲學家坐在那裡談論「天道」，說來說去只能是空對空。科學方法的第一個智慧就是我不直接用心去跟「天道」對話，我做幾個實驗，總結幾條規律，形成一個不求「天道」但求有效的「模型」。

所以當一個科學家說一個真實世界中的什麼東西會發生什麼情況的時候，他說的實際意思是在他使用的那個模型裡，這個東西對應的變數發生了什麼狀況。他說的是真空農場中的球形雞[1]。

在所有科學模型中理論物理是最成功的，而且成功到了不可思議的地步。量子電動力學並不是物理學家關於世界的最新模型，它把各種基本粒子都簡單地當作球，完全不考慮原子核內部的相互作用，沒有引力，但它卻是一個相當完美的模型。它只用非常簡單的幾個方程，就能夠描寫原子核和引力之外幾乎所有現象，而且這個模型無比精確。費曼曾經在一本通俗讀物[2]裡自豪地寫道，量子電動力學計算的電子自旋磁矩是1.00115965246個玻爾磁子，而實驗測量的值1.00115965221，這個誤差相當於橫跨美國東西海岸，計算從波士頓到帕薩迪納的距離，結果只差一根頭髮絲那麼細。

我們可以無比準確地預言每一次日食，可以攔截飛彈，甚至可以用遙控方法把探測器精確地放置在火星表面指定的地點。這些並不完美的物理模型是如此的足夠完美，有些人錯誤地以為科學就應該提供精確的答案。但事實是很多重要問題的模型根本做不到這一點。2008年金融危機給人的印象就是所有正規經濟學家都沒有預見到。葛林斯潘說③：「我們都錯誤判斷了這個風險。所有人都沒想到——學術界、聯準會、監管者。」一時之間批評經濟學成了時尚，很多人認為經濟學根本不能算科學。

我不知道經濟學模型算不算科學，但的確有正規經濟學家，在不使用陰謀論的情況下，預警過這場金融危機④。去年，2,500名經濟學家投票選出了對這次危機的最好預測⑤：史蒂夫‧金（Steve Keen）早在1995年就搞了一套理論模型，並且從2006年開始使用這個模型每月發佈預警報告；魯比尼（Nouriel Roubini）在2005年就指出美國房價會在三年內跌30%；而貝克（Dean Baker）則從2002年開始反覆說房價是個泡沫。我們可以看到，這些預測是有限的，不論是金融危機的規模還是爆發時間，它們都遠遠談不上準確。

無論如何，嘲笑經濟學模型是從事「硬科學」的科學家，甚至是所有學者最愛幹的事情之一。看完《金融時報》上一個歷史學家嘲笑經濟學家的文章之後，一個物理學家笑了⑥。他說我看經濟學模型還算好的，氣候模型還不如經濟模型。經濟學家至少知道模型裡面「經濟人」是什麼東西，而氣象學家根本不知道氣候模型裡的雲和海洋混合（ocean mixing）是怎麼

回事。

他說的是關於模型的重大問題：如果你根本沒搞清楚所有的原理和機制，你做的簡化距離真實世界非常遙遠，你的模型還有意義嗎？物理學家弗里曼‧戴森（Freeman Dyson）認為沒意義。他說[7]：

> 我沒有氣象學位，所以我大概沒資格談論這個話題。可是我也研究過這些氣象模型，我知道它們能幹什麼。這些模型對大氣和海洋的流體力學方程可以解得很好，但是它們對雲、塵埃、地表和森林中生化過程的描寫很差。它們根本談不上描寫我們生活的這個真實世界……這就是為什麼搞氣象模型的這幫人只不過是自己相信自己的模型而已。

那麼IPCC（國際氣候變化委員會）怎麼評價氣象模型呢？在2007年報告的一個FAQ[8]中，IPCC表示它對這些模型非常自信。但是在我看來，這份文字寫得有點不夠意思。IPCC說這些模型的基本原理是建立在動量能量守恆之類的基本物理定律上的，而且還有大量觀測事實作為支持。它沒說的是模型的「非基本原理」，比如戴森說的那些東西，是怎麼處理的，更沒說這些非基本原理能起到多大作用。IPCC還說這些模型能夠成功地模擬當前氣候，而且還成功再現了過去100年的氣候變化。沒錯，但IPCC沒說的是這正是那些「大量觀測事實」支持的結果，是用這些觀測事實調參數湊答案的結果[9]（叫做「parameterization」），這些模型在很大程度上是基於

經驗的。

其實，調參數沒有什麼不對。根據「依賴模型的現實主義」這個精神，你怎麼就能說基本物理定律不是基於經驗的呢？氣象學家可能的確不怎麼理解雲，但難道物理學家就敢說自己真的理解電子嗎？所以我認為戴森的批評等於說黑貓肯定不如白貓，並不重要。重要的是氣象模型預測未來的能力怎麼樣。

有一個關於天氣預報的笑話是這麼講的：有人打電話到電台問你們每天預報的降雨機率到底是怎麼算出來的？主持人回答說我們一共有10個預報員，每天投票預報，如果有3個人認為會下雨，我們就說降雨機率是30%。IPCC 預測未來的辦法跟這個有點類似。一個最常用的辦法，是把各個不同氣候模型綜合起來取平均值。比如⑩把12個國家的17個研究組使用的24個模型取平均。

下面這張圖來自IPCC網站的那個FAQ，其用現有模型去模擬過去100年的溫度變化，看看是否符合觀測結果。圖中雜亂的線是使用14個不同氣候模型進行的58次模擬的結果，而單條灰色線則是這些結果的平均值，它與實際觀測值（黑線）相當接近。

我們可以仔細想想這個事情。IPCC的這個做法相當於投票選舉真理。如果我們對氣候的認識是完美的，如果科學家明確知道自己在做什麼，那麼世界上應該只有一個氣候模型。現在這種讓大家都算一算然後取個平均值的做法，等於說我們不知道到底哪個是對的，其根本原因在於模型中的物理機制和參

數有很多不能確定的地方。而這張圖則說明這個做法的效果還
不錯！

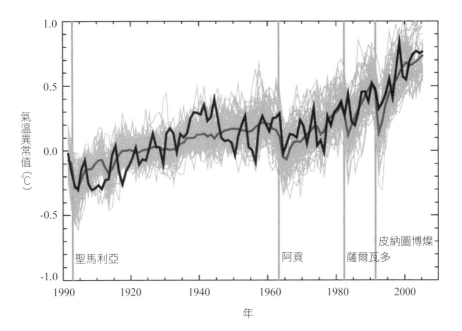

但既然你的模型中有很多參數都是用歷史數據擬合出來
的，這些模型能夠再現歷史就不奇怪，最關鍵的測試還是你能
不能預測未來。2007年《科學》上的一篇論文[11]比較了IPCC
在1990年對未來氣候的預測，與從1990到2006期間的實際觀
測。圖中虛線是IPCC的預測，實線則是觀測值。

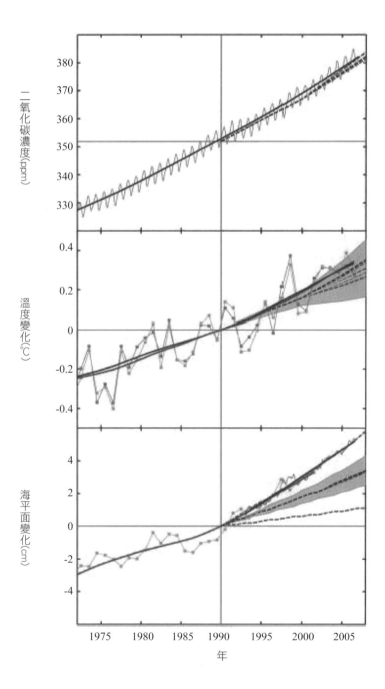

這是一個非常有意思的結果。儘管我們一再被告知二氧化碳濃度上升主要是人為的，但IPCC對二氧化碳濃度的上升卻預測得非常準確（文中解釋，這是一個巧合）。它預測得不太準確的是溫度上升，它預測得更不準確的則是海平面的上升。但最驚人的是IPCC不是高估了溫度和海平面上升，而是低估了。實際情形比IPCC警告我們的更壞。

這張圖至少說明在簽署京都議定書期間，IPCC 的模型不是故意誇大危險來忽悠世人。此圖用的都是1990年的舊模型，那麼新模型們是否表現得更好呢？一份非正式的研究[12]，把IPCC 2007年的新報告與從2007到現在的實際觀測比較，則發現IPCC高估了溫度的上升。

所以用模型預測未來是非常困難的事情，越複雜的模型就越困難，而且越細緻的未來就越不好預測。我們看到預測海平面上升已經比預測溫度上升困難，那麼如果有人想進一步預測全球變暖帶來的惡劣氣候導致多少「氣候難民」，我們就可以想見那是不可能準確的。聯合國環境規劃署曾經在2005年預測到2010年沿海地區將會有50萬氣候難民[13]，結果到今年人們發現這些地區的人口不減反增[14]。那麼聯合國網站怎麼辦？第一，刪除原有預測（有人還是保留了一份證據[15]）；第二，不解釋；第三，50萬難民的預測時間現在被改成2020年了。

不要特別相信那些複雜的模型能對未來做出的複雜預測。問題是新聞記者總是比科學家更相信模型。2011年初一份氣候預測報告說未來十年溫度將上升2.4℃並導致全球糧食短缺[16]，科學家很快發現報告存在嚴重錯誤並且立即撤回了報

告，可是這時候這個新聞已經被無數媒體廣泛報導過了。

2009年，英國女王伊莉莎白質問經濟學家說你們就怎麼都沒預測到這次金融危機呢？經濟學家們回信[17]說，經濟學這個工作都是各自為戰研究具體領域內的小問題的，我們並沒有坐在一起對世界經濟這個整體發揮「集體想像力（collective imagination）」。換句話說，他們玩的都是小模型，從來沒玩過這麼大的。

科學家也是這樣，一般情況下不想玩大的。科學家玩模型最大的目的其實是想解決小問題，是想通過模型來發現和證實一些小機制。所有玩模型的科學家都知道自己模型的侷限性。可是公眾和政客非逼著你預測。如果非得預測大的不可，最好還是用IPCC這種多個模型取平均值的辦法，也叫「發揮集體想像力」。

---

① 那麼實驗呢？如果有人做實驗證明比如說兩個鐵球同時落地，他難道不就是在揭示一個與模型無關的現實嗎？沒錯，但他揭示的現實只是我們眼中的這次試驗中的這兩個鐵球，要想把實驗結果推廣到所有物體以形成「現實概念」，他就必須製造一個理論，也就是模型。

② QED：The Strange Theory of Light and Matter-by Richard P. Feynman

③ Bloomberg：Greenspan Takes Issue With Yellen on Fed's Role in House Bubble By Rich Miller and Josh Zumbrun-March 27, 2010.

④ Real-World Economics Review Blog： Foresight and Fait Accompli：Two Timelines for the Global Financial Collapse, http：//rwer.wordpress.com

⑤ Keen, Roubini and Baker win Revere Award for Economics, 來源同上。

⑥ 金融時報：Limitations of climate model projections, Gerald Marsh,

September 9, 2010.

⑦ http：//www.populartechnology.net/2010/07/eminent-physicists-skeptical-of-agw.html

⑧ http：//www.ipcc.ch/publications_and_data/ar4/wg1/en/faq-8-1.html

⑨ http：//www.realclimate.org/index.php/archives/2009/01/faq-on-climate-models-part-ii/

⑩ 論文是Gerald A. Meehl et al., THE WCRP CMIP3 Multimodel Dataset：A New Era in Climate Change Research, Bull. Amer. Meteor. Soc., 88, 1383-1394（2007）.

⑪ Stefan Rahmstorf et al., Recent Climate Observations Compared to Projections, Science 4 May 2007：Vol. 316 no. 5825 p. 709.

⑫ Clive Best, IPCC Predictions（2007 report）compared to data, http：//clivebest.com/blog/?p=2277

⑬ Solidot新聞：《聯合國刪除氣候難民預測》，2011年04月18日，http：//science.solidot.org/article.pl?sid=11/04/18/0152207

⑭ The Daily Caller：The UN 'disappears' 50 million climate refugees, then botches the cover-up, by Anthony Watts 04/16/2011.

⑮ http：//probeinternational.org/library/wp-content/uploads/2011/04/Fifty-million-climate-refugees-by-2010-Maps-and-Graphics-at-UNEP.pdf

⑯ Solidot新聞：《氣候變化研究因存在嚴重錯誤被撤回》，2011年01月21日，http：//science.solidot.org/article.pl?sid=11/01/21/0221239

⑰ 衛報：This is how we let the credit crunch happen, Ma'am ..., by Heather Stewart, 25 July 2009.

國家圖書館出版品預行編目資料

萬萬沒想到：用理工科思維理解世界，萬維鋼著 --
二版 -- 新北市：新視野 New Vision, 2019. 07
　　冊；　公分 --（view; 1）
　　ISBN 978-986-97840-5-4（平裝）

1. 科學　2. 通俗作品

307　　　　　　　　　　　　　　　108010603

View 01

萬萬沒想到
用理工科思維理解世界

作　　者　萬維鋼
總 編 輯　翁天培
企畫主編　翁毓謙
出　　版　新視野 New Vision
製　　作　新潮社文化事業有限公司
　　　　　電話 02-8666-5711
　　　　　傳真 02-8666-5833
　　　　　E-mail：service@xcsbook.com.tw
印前作業　菩薩蠻數位文化有限公司
印刷作業　福霖印刷有限公司

總 經 銷　聯合發行股份有限公司
　　　　　新北市新店區寶橋路 235 巷 6 弄 6 號 2F
　　　　　電話 02-2917-8022
　　　　　傳真 02-2915-6275

二　　版　2020 年 9 月